工程实践训练系列教材(课程思政与劳动教育版)

智能机器人设计与创新实践

主　编　张　鹏　王斯卉
副主编　祝宁华　方　蕊　邵　玮

西北工业大学出版社
西　安

【内容简介】 本书主要针对电子创客工程实践教育及其开发方法，面向广大电子爱好者，内容涉及开发环境、基本元器件、PCB电路设计实例，以实际应用为纽带将各个章节联系起来。本书内容涵盖广泛，但又不失重点，读者可结合实例讲解系统地学习开源硬件控制平台的理论知识。本书主要内容包括 Arduino 硬件平台概述、电子设计基础、Arduino 软件开发相关基础知识、Arduino 编程、智能车驱动方式，并以实例讲述了智能机器人的控制思路、编程方法和设计方法。

本书可作为电子实习实训相关专业的实训教材，也可作为电子爱好者开展电子产品制作的参考手册。

图书在版编目(CIP)数据

智能机器人设计与创新实践 / 张鹏，王斯卉主编
. — 西安 ：西北工业大学出版社，2023.6
ISBN 978-7-5612-8643-2

Ⅰ.①智… Ⅱ.①张… ②王… Ⅲ.①智能机器人-设计 Ⅳ.①TP242.6

中国国家版本馆 CIP 数据核字(2023)第 117818 号

ZHINENG JIQIREN SHEJI YU CHUANGXIN SHIJIAN
智能机器人设计与创新实践
张鹏 王斯卉 主编

责任编辑：高茸茸　　**策划编辑**：杨　军
责任校对：张　潼　　**装帧设计**：董晓伟
出版发行：西北工业大学出版社
通信地址：西安市友谊西路 127 号　　邮编：710072
电　　话：(029)88493844，88491757
网　　址：www.nwpup.com
印 刷 者：陕西奇彩印务有限责任公司
开　　本：787 mm×1 092 mm　　1/16
印　　张：9
字　　数：202 千字
版　　次：2023 年 6 月第 1 版　　2023 年 6 月第 1 次印刷
书　　号：ISBN 978-7-5612-8643-2
定　　价：36.00 元

工程实践训练系列教材
（课程思政与劳动教育版）

编　委　会

总 主 编　蒋建军　梁育科

顾问委员　（按照姓氏笔画排序）

王永欣　史仪凯　齐乐华　段哲民　葛文杰

编写委员　（按照姓氏笔画排序）

马　越　王伟平　王伯民　田卫军　吕　冰

张玉洁　郝思思　傅　莉

前　言

创新是引领发展的第一动力，是建设现代化经济体系的战略支撑，是一个民族、一个国家发展的重要力量。新一代科技革命的发展、产业的变革正在重构全球创新版图，新兴产业的不断发展对具备跨学科专业整合能力的创新型领军人才的需求越来越迫切，对人才的颠覆性创新能力要求越来越高，急需一批拥有“家国情怀、追求卓越、引领未来”的原始创新人才。如何紧密衔接工程实践能力、创新能力，增强学生应对未来产业和经济需求所需要的核心竞争力，成为当前高等学校在探索培养创新型工程技术人才时的首要问题。

虽然各高校和地方企业日益重视创新创业教育工作，加速了创新教育的改革步伐，但仍然存在育人环节脱节、理论教育和创新实践教育融合度不够等问题。一方面，在追求知识体系的完整性时，缺乏对技术和技能的讲解和实践，从而导致教学与实际脱节，不能满足当代社会发展的需求；另一方面，在以“双创”为背景的实践教学中，某些技能课程的教学又缺乏相应的教材，使得教与学双方都有一定的困难。

Arduino的出现可谓全世界创新实践教育发展史上的一个新的里程碑。自2005年推出以来，它不仅成为全球电子行业最流行的开源硬件，同时也是一个优秀的电子硬件开发平台。尤其是近几年，随着Arduino软、硬件功能的不断提高，周边配套模块的不断完善，其应用日趋成熟，应用领域也日益扩大，在环境监测、智能家居及3D打印等多个领域，特别是机器人、自动化和软件领域，都能看到其身影。Arduino的出现使得开发者更加关注创意与实现，使其能够更快地完成自己的项目开发，大大节约学习成本，缩短开发周期。与此同时，越来越多的硬件开发者也开始使用Arduino来开发项目和产品，甚至艺术、文科类专业也纷纷开设了以Arduino为基础的创新实践类课程。

“电子实习——智能机器人创新设计”是一门操作性很强的创新实践类综合素养课程。在实践教学中，若缺乏一本合适的教材，会使得教学指导工作量巨大，同时，学生也会因为没有参考的教材，很难对基本单元模块和基本操作有一个较为全面的了解。为此，在总结实践教学的基础上，以“双创”教育为背景，针对学生应该掌握的最基本的知识和技能，同时参照国内外关于Arduino技术的教学要求和内容，笔者根据过去撰写的Arduino相关讲义与自身开发经验编写了本书。作为“电子实习——智能机器人创新设计”实践教学的教材，本书主要针对大学本科的Arduino创新实践课程，亦可供相关开发人员及入门者学习。

全书共分为5个章节，各章节内容明确、重点突出。第1～3章主要介绍理论基础知识、编程工具、电子元器件和传感器相关知识，内容简单，容易理解；第4章主要介绍机器人常用模块，便于读者为后面设计机器人做好准备；第5章以实际应用案例为基础向读者介绍PCB(Printed Circuit Board，印制电路板)绘制软件及制作电路板的过程。如果您是没有任何电子基础知识、编程经验却又对机器人制作感兴趣的初学者，可以从本书首页开始通读。如果您对Arduino程序设计有一定的基础，可直接从第2章开始向后阅读，笔者根据各个实例以及功能需求编写了程序，整个过程图文并茂，注释清晰、简明，便于理解。

本书第1章由张鹏编写，第2章和第4章由张鹏、祝宁华编写，第3章由王斯卉编写，第5章由方蕊、邵玮编写。

古人云：“授人以鱼，不如授人以渔。”本实践指导书不仅能够带着您一步一步去制作各种功能的机器人，还能教会您使用更多的工具、方法和小妙招。当然，要想成为一位名副其实的创客，本书仅仅是一个开端，还需要各位读者静下心去做更深入的学习研究。

在编写本书的过程中，参考了相关文献，在此谨向其作者表示衷心的感谢。

由于水平有限，书中难免存在不足之处，恳请读者批评指正。

编　者

2023年2月

目　　录

创新是一个国家、一个民族发展进步的不竭动力，是推动人类社会进步的重要力量。自主创新是我们攀登世界科技高峰的必由之路。基础研究、原始创新和关键核心技术攻关是艰苦复杂的创造性劳动。

第1章　初识Arduino

Arduino是一个基于简易单片机并且开放源码的计算机平台，相较于台式电脑，是一个更能够感应和控制现实物理世界的一套硬件开发工具。Arduino可以用来开发交互产品，比如它可以读取大量的开关和传感器信号，并且可以控制各式各样的电灯、电机和其他物理设备。Arduino项目可以是单独的，也可以在运行时和电脑中运行的程序(例如:Flash、Processing、Max/MSP)进行通信。

1.1　Arduino概述

Arduino是一块单板的微控制器和一整套的开发软件，它的硬件包括一个以Atmel AVR单片机为核心的开发板和其他各种I/O板，软件包括一个标准编程语言开发环境和在开发板上运行的烧录程序。为满足电子爱好者的使用体验，Arduino控制板被设计成一个小型计算机形式，如图1.1所示，它可以给连接到Arduino开发板上的外部输入输出器件编程，例如可以与LED(Light Emitting Diode，发光二极管)、点阵显示器、按钮、旋钮、小电机、温度传感器、压力传感器、距离传感器或其他能够输出数据或被控制的任务器件相连，形成互动项目或网络，用来接收或发送数据并按指令做出相应的动作。

Arduino UNO Rev3

Arduino Mega2560 Rev3

Arduino Leonardo

Arduino UNO Mini Limited Edition

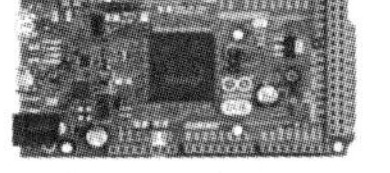

Arduino Due

Arduino Micro

Arduino Zero

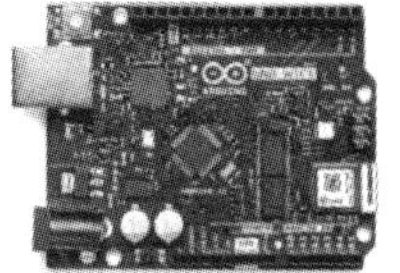

Arduino UNO Wifi Rev2

图1.1　Arduino控制板

1.1.1 物理运算平台

物理运算平台包括感测外部环境信息的单元、与使用者沟通的人机接口、能够对命令产生相应动作的执行器，最重要的是处理核心——微处理器。将这些系统元素组合搭配，完成一个只需要开启电源便可独立运行的系统，该系统按照外在变化或信号来做某些特定的反应和动作，如图 1.2 所示。

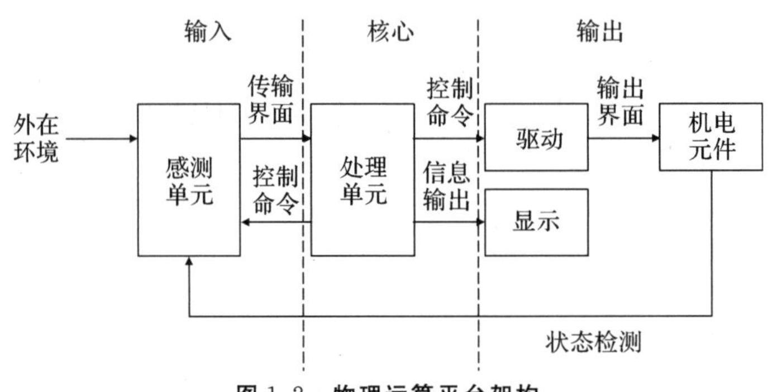

图 1.2 物理运算平台架构

简单来说，整个物理运算平台分为 3 个部分：输入、核心和输出。

(1)输入部分，泛指可由使用者依照自身需求，使用某些设备对系统下达指令，或是系统针对某些特殊功能的需求，对物理量进行测量，如温度、压力、形变等，再将这些物理量转换成电压、电流、电感等变化，甚至对输出端的机械系统进行监控等，这些都属于输入范畴。常见的几种测量器件及其测量物理量见表 1.1。

表 1.1 常见测量器件及其测量物理量

测量器件	类　型	待测量转换信号
热敏电阻	温度	电阻变化
光敏电阻	光线	电阻变化
加速度传感器	加速度	电压变化
压力传感器	压力	电压变化
超声波传感器	距离	时间变化

(2)核心部分，类似于人体大脑，是控制核心部件。人体的一切活动都离不开大脑的思考，物理运算平台的大脑就是微处理器，如果系统较为复杂，可以使用工业控制计算机来代替微处理器。

(3)输出部分，和输入部分一样，可以具有不同的形式，可以是一块 LED 屏幕、一个灯泡或者一个机械结构。设计者希望系统以什么样的形式呈现，输出的类型便可以根据要求随之更换。

1.1.2　Arduino 的起源

谈起 Arduino 的起源，不得不提到 Massimo Banzi，他是意大利伊夫雷亚（Ivrea）一家高科技设计学校的教师。在项目开发设计过程中，他的学生经常抱怨找不到便宜好用的微控制器，于是在 2005 年，Massimo Banzi 联合西班牙晶片工程师 David Cuartielles一同探讨了这个问题，共同设计了属于自己的电路板。他们找来了 Banzi 的学生 David Mellis 为电路板设计编程语言，经过两天时间，David Mellis 便完成了代码的编写，之后又过了 3 天，便完成了电路板的设计。Massimo Banzi 喜欢去一家名叫 di Re Arduino的酒吧，该酒吧是以 1 000 年前意大利国王 Arduin 的名字命名的。为了纪念这个地方，他将这块电路板命名为 Arduino。Arduino 初创团队如图 1.3 所示。

图 1.3　Arduino 初创团队

这块电路板的出现很快便受到广大学生的欢迎，甚至一些完全不懂计算机编程语言的人，都能够用 Arduino 设计出酷炫的作品。有人用它控制和处理传感器，有人用它控制流水灯，有人用它制作机器人，等等。之后，Banzi、Cuartielles 和 Mellis 将该电路板设计图传到网上，花费了 3 000 欧元加工了第一批共 200 块板子。

起初，Banzi 担心板子会滞销，但是几个月后，他们的设计作品在网上得到了快速传播，接着他们便收到了几个上百块板子的订单，这使 Arduino 设计团队意识到了该板子潜在的市场价值，于是他们决定开始从事 Arduino 事业并规定，任何人都可以复制、重新设计，甚至出售 Arduino 板子，不需要花钱购买版权、申请权，但加工出售的 Arduino 原板版权还是归 Arduino 团队所有，任何基于 Arduino 设计的修改必须和 Arduino 一样开源。

对于最初的硬件开源，几位设计者存在着不同的看法。Cuartielles 认为自己是个“左倾学术主义者”，不喜欢因为赚钱而限制大家的创造力，从而导致自己的作品得不到广泛的使用。Banzi 则更像一个精明的商人，他认为如果 Arduino 开源，相比那些不开源的作品，会激发更多人的兴趣，从而得到更广泛的使用。更为重要的是，一些电子疯狂爱好者会去寻找 Arduino 的设计缺陷，然后要求 Arduino 团队做出改进，利用这种免费的劳动力,他们可以开发出更好的新产品。正如 Banzi 所料,硬件开源后的几个月内,很多人提出了重新布线、改进编程语言等建议。2006 年,Arduino 方案获得了 Prix Art Electronica 电子通信类方面的荣誉奖,次年,Arduino 电路板销量达到 30 000 块,并不断被电子疯狂爱好者用来设计机器人、调试汽车引擎、制作无人机模型等。

1.1.3 Arduino 硬件家族

Arduino 设计团队希望让设计师和艺术家能够很快通过它学习电子和传感器的基础知识,并应用到他们的设计当中。设计中所要表现的想法和创意才是最主要的,至于单片机内部如何工作、硬件电路是如何构成的,设计师和艺术家并不需要过多考虑。

Arduino 的出现,大大降低了互动设计的门槛,使一些没有学习过电子知识的人也能够使用它制作出各种充满创意特色的作品。为了满足不同领域的人,目前,Arduino 团队已经设计出多种不同型号的控制板以满足不同使用者的需求。

1. Arduino Duemilanove

Arduino Duemilanove 是一款以 ATmega168 或 ATmega328 为核心控制器的 Arduino控制板,支持直流电源和 USB 两种供电模式(见图 1.4),后续开发的一些产品均是在这款控制板的基础上发展起来的。

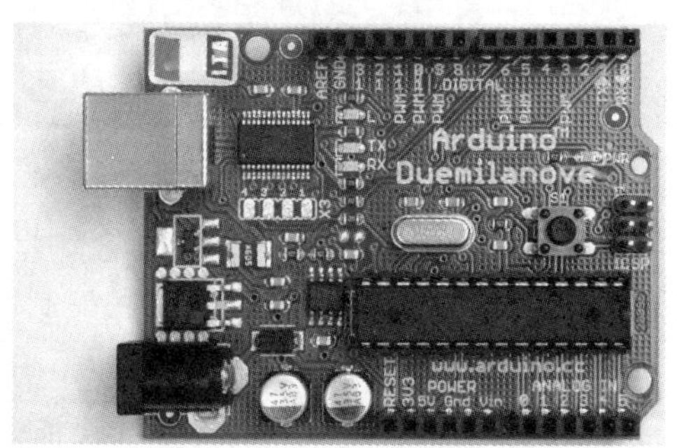

图 1.4　Arduino Duemilanove

2. Arduino Nano

Arduino Nano 控制板在设计时将 Arduino Duemilanove 的直流电源接口去掉,采用了 Mini－B 标准的 USB 接口来连接电脑,除外观有稍许变化外,其他接口及功能同 Duemilanove 保持一致,核心控制器同样采用 ATmega 168 或 ATmega 328,如图 1.5 所示。

图 1.5　Arduino Nano

3. Arduino Mini

对一些空间要求十分严格的使用者而言，Arduino Mini 很好地满足了这一需求。它将 USB 接口和复位开关去掉，尽可能地减小 Arduino 控制板的尺寸(见图 1.6)。唯一的不足在于其连接电脑或烧录程序时需要一个 USB 或 RS232 转换成 TTL(Transistor - Transistor Logic，晶体管-晶体管逻辑)的适配器，或采用官方提供的 Mini USB Adapter 进行程序烧录。

图 1.6　Arduino Mini

4. Lilypad Arduino

Lilypad Arduino 在整个 Arduino 家族中是最有艺术气质的一款产品，主要面向从事服装设计类工作的设计师，它可以使用导电线或普通线缝在衣服或布料上。Lilypad Arduino 每个引脚上的小洞大到足够缝纫针轻松穿过，如图 1.7 所示。相较于其他 Arduino控制板，Lilypad 控制板比较容易损坏，但它的基本功能都保留了下来，在烧录程序或连接电脑时，同样需要一个 USB 或 RS232 转换成 TTL 的适配器。

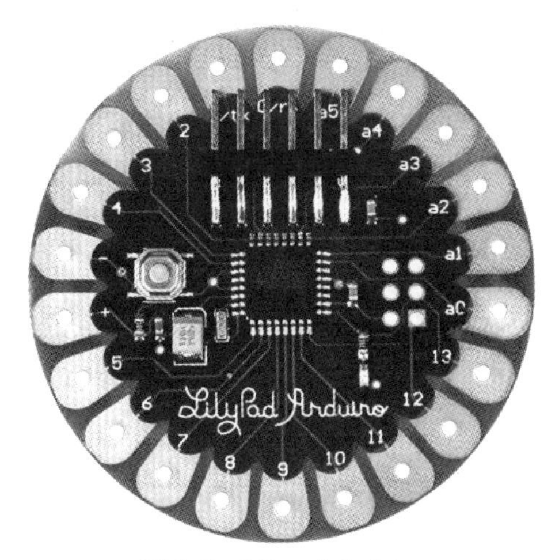

图 1.7　Lilypad Arduino

5. Arduino Pro/Pro Mini

为了满足便利性和低成本高级用户的需求，Arduino Pro/Pro Mini 应运而生。它们在结构上省去了 USB 接口、直流电机接口和引脚排针，连接电脑或烧录程序时也需要一个 USB 或 RS232 转换成 TTL 的适配器。实际上，Arduino Pro/Pro Mini 更像一个大号的 Mini 控制板，不同之处在于 Arduino Pro 有 3.3 V/8 MHz和 5 V/16 MHz 两个版本，需要根据实际应用场景进行选择。Arduino Pro/Pro Mini 控制板如图 1.8 所示。

(a)　　(b)

图 1.8　Arduino Pro/Pro Mini

(a) Arduino Pro；(b) Arduino Pro Mini

6. Arduino Uno

图 1.9 所示为 2010 年年底发布的 Arduino 标准版本 Arduino Uno，其主要连接接口为 USB，与之前的 Arduino 控制板最大的区别在于它不是使用 FTDI USB-to-serial 串行驱动芯片，而是采用 ATmega 8U2 芯片进行 USB 到串行数据的转换。目前，Arduino Uno 控制板已经成为 Arduino 家族中的主推旗舰产品，大部分的范例程序所需要的硬件电路皆已包含在内，单片机所有引脚都有预留，方便用于开发。

图 1.9　Arduino Uno

7. Arduino Mega2560

Arduino Mega2560 控制板采用 ATmega 2560 核心处理器，它的资源要比先前的Arduino 产品丰富很多，用于满足需使用较多资源进行产品设计与开发的用户需求，如图 1.10 所示。它包含 54 个数字 I/O 接口，4 组 UART(Universal Asynchronous Receiver/Transmitter，通用异步接收发送设备)、16 个模拟引脚、15 组 PWM(Pulse Width Modulation，脉冲宽度调制)信号。同时，Arduino Mega2560 也兼容之前基于 Arduino Duemilanove 的设计。

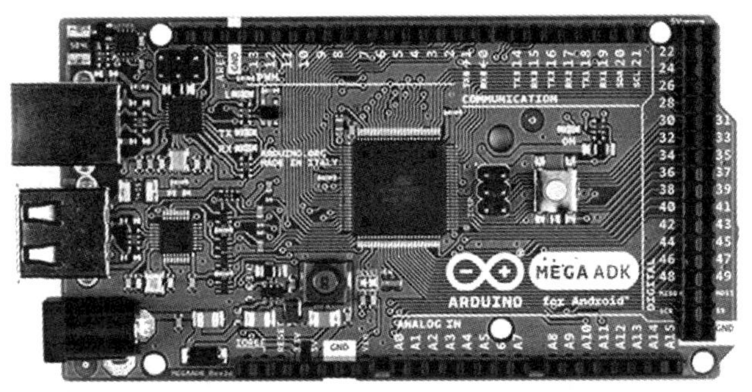

图 1.10　Arduino Mega2560

1.1.4　Arduino 的资源及优势

Arduino 的硬件电路设计以“开源”的形式提供授权，相应的原理图和电路图可以从 Arduino 网站上免费获得。Arduino Uno 具有 14 个数字 I/O 引脚(其中 6 个可提供 PWM 输出)、6 个模拟 I/O 引脚、1 个复位开关、1 个 ICSP(In-Circuit Serial Programming，在线串行编程)下载口，支持 USB 接口，可通过 USB 接口供电，也可以使用单独的 7～12 V电源供电，其总体参数如图 1.11 所示。

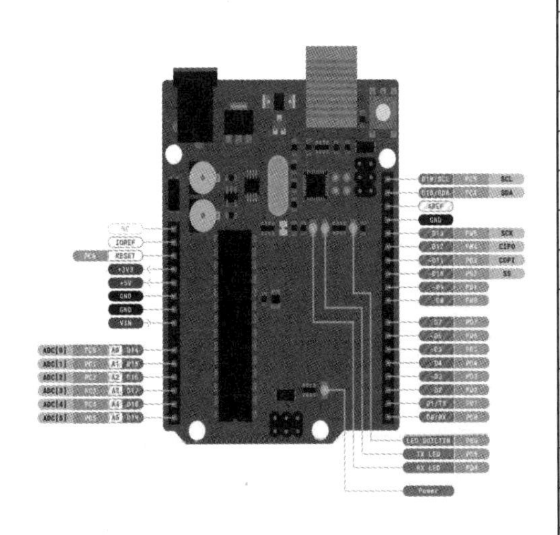

微控制器	ATmega328P
工作电压	5 V
输入电压(推荐)	7～12 V
输入电压(限制)	6～20 V
数字 I/O 引脚	14 个(其中 6 个提供 PWM 输出)
PWM 数字 I/O 引脚	6 个
模拟输入引脚	6 个
I/O 引脚直流电流	20 mA
3.3 V 引脚直流电流	50 mA
Flash 闪存	32 KB
静态随机存取存储器	2 KB (ATmega328P)
电可擦编程只读存储器	1 KB (ATmega328P)
时钟速率	16 MHz
内部 LED	13 个
长	68.6 mm
宽	53.4 mm
质量	25 g

图 1.11　Arduino Uno 硬件技术参数

Arduino Mega2560 的资源更加丰富，具有 54 个数字 I/O 引脚(其中 15 个可提供 PWM 输出)、16 个模拟 I/O 引脚、4 对 UART、1 个复位开关、1 个 ICSP 下载口，支持 USB 接口和直流电源供电两种方式，其总体参数如图 1.12 所示。

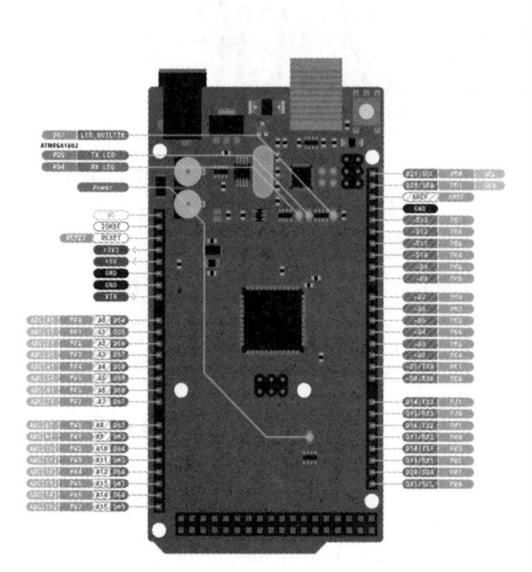

微控制器	ATmega2560
工作电压	5 V
输入电压(推荐)	7～12 V
输入电压(限制)	6～20 V
数字 I/O 引脚	54 个(其中 15 个提供 PWM 输出)
模拟输入引脚	16 个
I/O 引脚直流电流	40 mA
3.3 V 引脚直流电流	50 mA
Flash 闪存	256 KB
静态存储器	8 KB
电可擦编程只读存储器	4 KB
时钟速率	16 MHz
内部 LED	13 个
长	101.52 mm
宽	53.3 mm
质量	37 g

图 1.12　Arduino Mega2560 硬件技术参数

无论是 Arduino Uno、Arduino Mega2560，还是其他控制板，在开发之初，就明确了应用环境，以便于进行二次开发。它们的主要功能特点如下：

(1)开放源代码的电路图设计，程序开发接口免费下载，也可依照需求自行修改。

(2)支持 ISP(In-System Programming，系统可编程)线上烧入器，将 Bootloader 固件烧入芯片，Arduino 控制器内带 Bootloader 程序，是系统上电后运行的第一段代码，就好比 PC 的 BIOS(Basic Input Output System，基本输入输出系统)中的程序，启动就进行自检、配置端口等。

(3)可根据官方提供的 PCB 和 SCH 电路图，简化 Arduino 模组，完成独立运作的微处理控制。

(4)可简单地与传感器等 I/O 设备、电子元件连接，如红外线、超声波、热敏电阻、光敏电阻、伺服电机等。

(5)支持多样的互动程序，如 Flash、Max/MSP、C、Processing 等。

1.2 Arduino 程序开发环境

Arduino 程序开发环境以 AVR - GCC 和其他一些开源软件为基础,采用 Java 编写,软件无须安装,下载完成解压缩后就可以直接打开使用。Arduino 开发环境使用的语法与 C/C++相似,非常容易使用。图 1.13 所示为 Arduino 开发环境主界面,中间的白色区域为程序编辑区,下方的黑色区域为信息提示区。

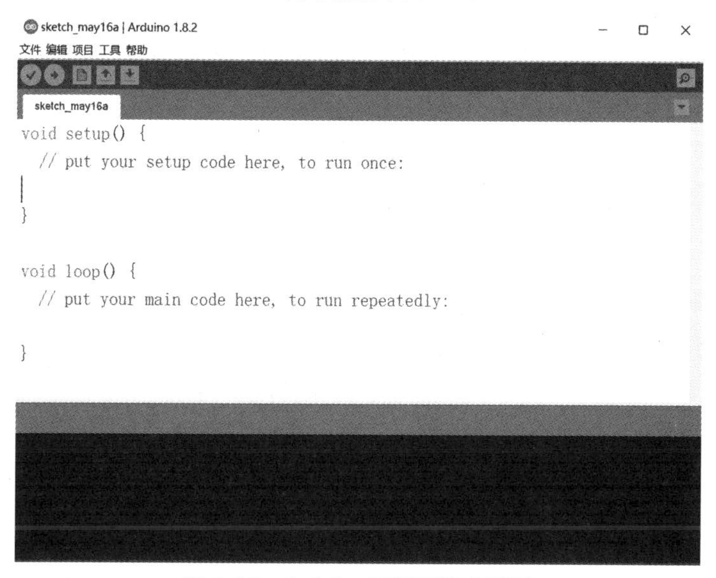

图 1.13 Arduino 开发环境主界面

1.2.1 程序开发流程

通常,在做一些微处理器程序开发时,最关键的是将程序编译成单片机看得懂的机器语言,而这一部分工作由计算机上的相关程序来执行。不同于高阶程序语言,目前常用于单片机系统的程序代码为汇编语言、C/C++等。典型的程序开发流程如图 1.14 所示,设计当前系统所要执行的程序后,再编译成扩展名为“.hex”的文件,下载烧录至单片机中,测试结果是否符合预期即可。

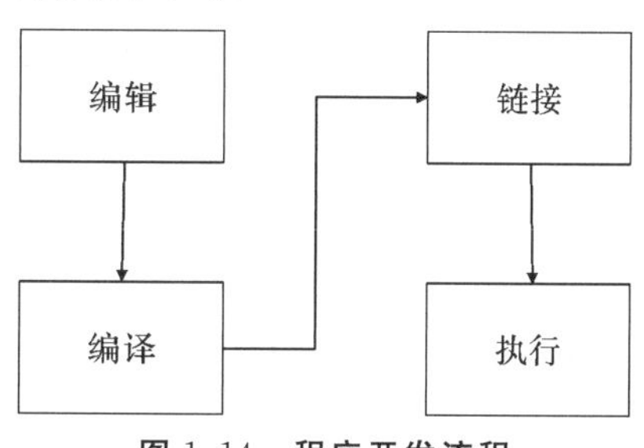

图 1.14 程序开发流程

1. 编辑

编辑作为程序开发的第一步，用来产生程序代码。在这个阶段，编程人员可以根据习惯选择自己舒适的编程环境。一个专属的程序开发环境，一方面可以帮助程序员管理项目内多个程序，另一方面可以利用颜色来区分程序代码类的内容。对初学者而言，选择一款适合的编辑环境，除了可以帮助撰写程序外，还可以节省许多宝贵的时间。

2. 编译

计算机只能看懂“0”“1”的数字信号，而前面编辑的步骤所需要的语法是为了方便开发者了解每个函数的功能：越高阶的语言，越能让开发者更直观地了解函数的功能，程序所占的空间也会越大。在这个阶段，我们将编辑完的文字文件转换成机器码，在这个过程中通常会检查程序上的错误，并提出警告。因此，这个步骤完成后通常会回到前一步骤，对有语法错误、逻辑错误的地方进行修正，直到编译器没有产生错误信息为止。

3. 链接

当程序员面临较大的项目时，为了方便管理，通常会根据功能存储成不同的文件，链接的功能就是寻找程序当中所有用到的功能模块、内建函数库原始程序的位置，再与主程序结合成为一个可执行文件。这时候产生的错误，可能是使用某一个函数，却没有将其路径正确引用，造成链接错误，此时便会提出警告。使用一些函数，如 max()、sin()等，都需要引用“math. h”头文件（Header File，扩展名为“. h”）。

4. 执行

作为程序开发的最后一步，如果程序没有任务提示错误，就可以看到程序运行的结果。然而，程序能执行，不一定表示结果符合预设效果，还可能有各种不同的错误情况发生。

编辑、编译、链接和执行等过程在某一些单片机系统上需要分为不同的应用程序来完成不同的步骤，可能先由 A 程序产生烧录文件，再通过 B 程序将其烧录到单片机中。不难发现，这类分阶段的开发过程很不方便，为此，一些系统商或第三方软件商将上述过程进行了整合，形成了一个单一环境，称为 IDE（Integrated Development Environment，集成开发环境）。

1.2.2 开发环境下载

为方便用户使用，Arduino 研发团队秉承开源思想，将 IDE 编程软件资源公开化，用户可以登录 Arduino 官网自行下载，Arduino 官网下载界面如图 1.15 所示。

在 Software 界面中即可找到 Arduino 官方提供的最新版本的 IDE 软件，如图 1.16 所示。用户可以根据电脑配置下载满足自己系统要求的相应版本。下载完成后，双击执行文件“arduino. exe”，即可开启开发环境，如图 1.17 所示。

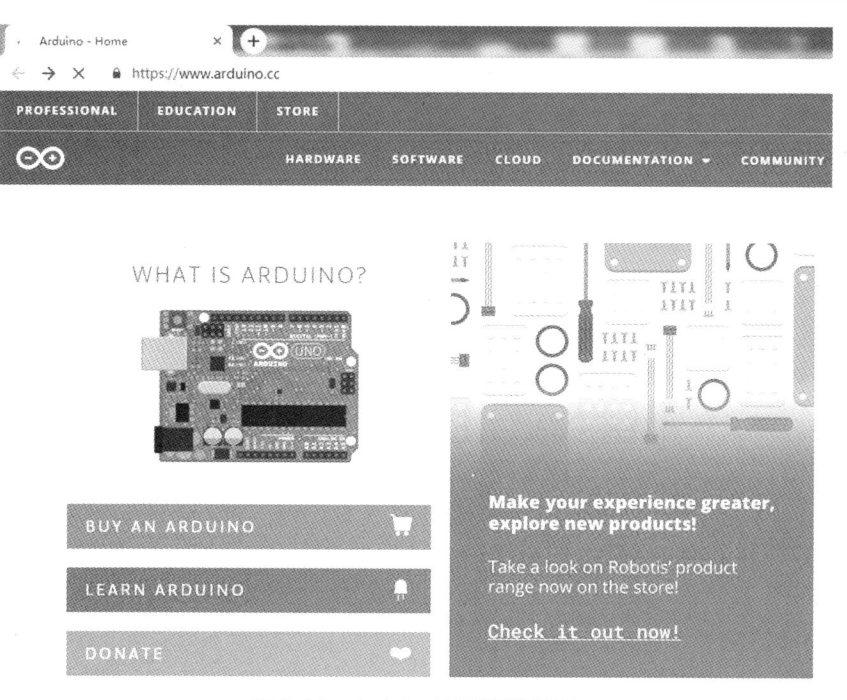

图 1.15　Arduino 官网下载界面

Downloads

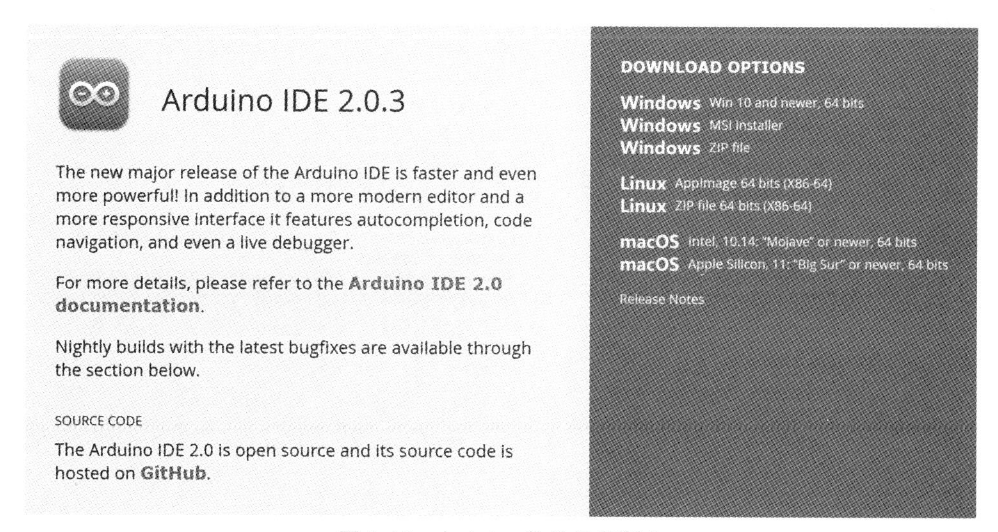

图 1.16　Arduino 软件最新版本

从图 1.17 可以看出，除了执行文件以外，还有许多文件夹。其中：“drivers”文件夹包含的是第一次将 Arduino 控制板插入计算机后需要的驱动程序；在“hardware”文件夹的下一层目录里，可以看到 Bootloader 的原始文件；“lib”文件夹则包含了基本函数库，用户也可以通过网络下载其他用户上传的函数库，方便自己使用。

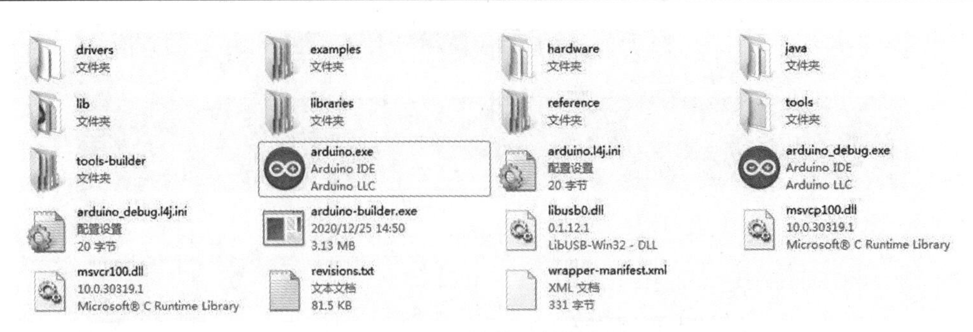

图 1.17　安装文件目录

1.2.3　开发环境功能介绍

Arduino IDE 提供了非常人性化的操作界面，当用户第一次打开 Arduino 执行文件时，会进入初始化状态(见图 1.18)，随后进入正式的 IDE 操作界面，如图 1.19 所示。在菜单栏下方，有 6 个基本快捷键，它们依次是验证、上传、新建、打开、保存和串口监视器。各个快捷键功能如下。

(1)验证：用来完成用户编写程序的检查与编译。

(2)上传：将编译好的程序文件上传至 Arduino 控制板中。

(2)新建：用于新建程序文件。

(4)打开：打开一个存在的程序文件。Arduino 开发环境下的程序文件的后缀名为“. pde”。

(5)保存：保存当前的程序文件。

(6)串口监视器：用于监视开发环境使用的串口收发的数据。

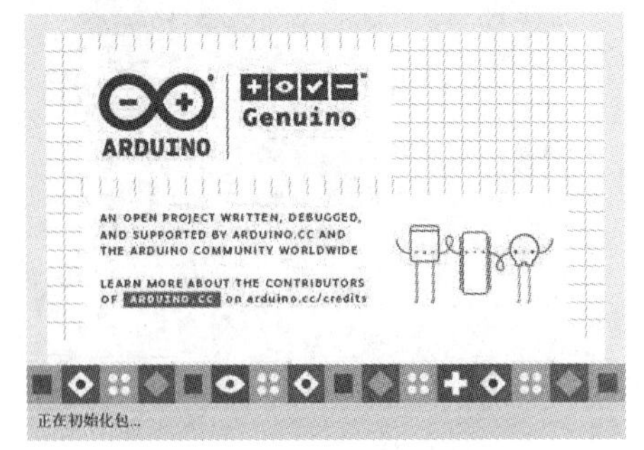

图 1.18　Arduino IDE 初始界面

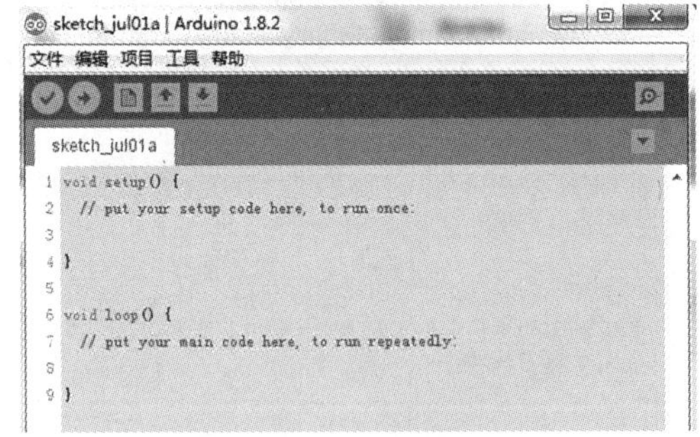

图 1.19　IDE 操作界面

1.2.4　程序范例和架构

Arduino 的程序语言语法类似于 C/C++，随着 IDE 的不断更新，很多基本常用的函数库都被收入其中，可以在“项目”→“加载库”里面看到，如 GSM、舵机控制(Servo)、步进电机控制(Stepper)等,如图 1.20 所示。使用这些函数库,可以省去程序员大量的时间,只要了解函数的应用参数的设定后,很快就可以写出想要的功能。

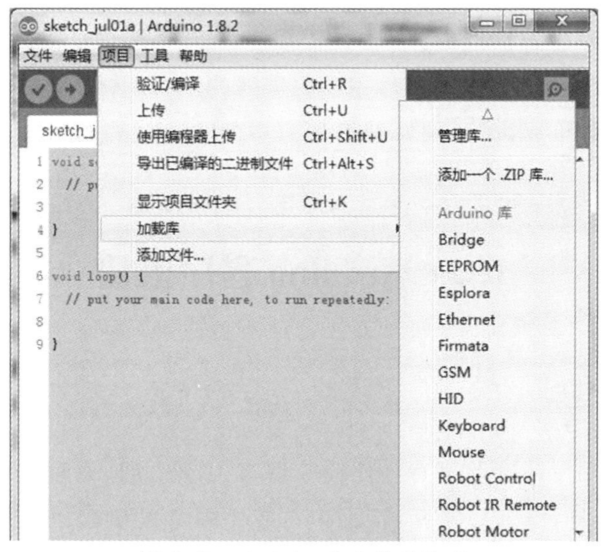

图 1.20　Arduino 包含的函数库

Arduino 开发程序架构如图 1.21 所示,从图中可以看出,不同于标准的 C 语言,Arduino 程序没有所谓的主函数 main(),取而代之的是 setup()和 loop()函数,这两个函数分别负责 Arduino 程序的初始化部分和执行部分,且均为无返回值的函数。另外,除了批注程序的内容外,有时需要将用到的函数库在一开始做一个引用,随着用到的函数越多,需要引入的头文件也会越来越多,全局变量的宣告也可以在此做定义。

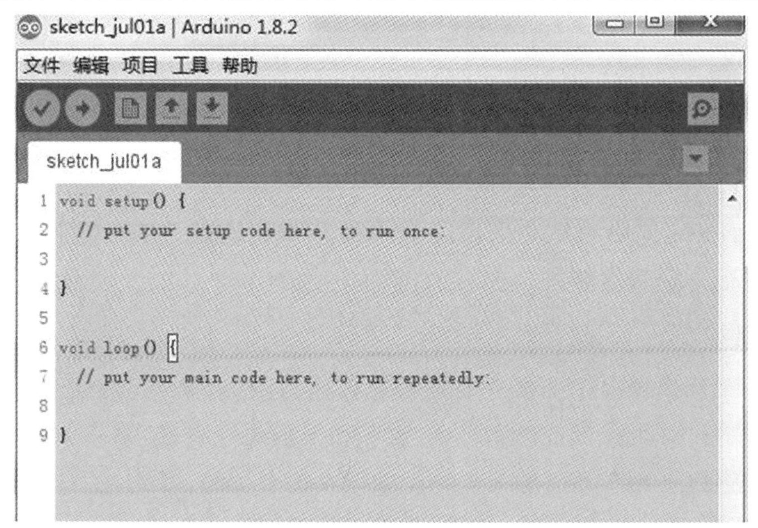

图 1.21　程序架构

1. setup 程序

Arduino 控制板接通或复位控制器后,开始执行 setup 程序,且只执行一次。因此,

setup()函数也可以称为设置初始化函数,如设置 I/O 接口状态、串口初始化。

2. loop 程序

loop 程序是主程序的执行内容,只要电源不中断,函数内的程序就会一直执行。本质上,loop()函数是在 setup 程序执行完成后进行的,可以看成是一个死循环,即包含在内的所有程序会不断重复执行,相当于 C 语言中的 while(1)函数。

1.3 Arduino 程序语法

1.3.1 数据类型

由于 Arduino 开发环境的语言是比较接近 C/C++的,设置中加入了一些 Java 的用法,所以在程序架构、循环以及函数、标识符应用中可以和 C 语言编程类比,这里就不再赘述。常用的数据类型如表 1.2 所示。

表 1.2 常用数据类型

数据类型	数值范围	数据类型	数值范围
float	$1.2\times10^{-38}\sim3.4\times10^{38}$	long	−2 147 483 648～2 147 483 647
int	−2 147 483 648～2 147 483 647	unsigned long	0～4 294 967 295
unsigned int	0～4 294 967 395	char	−128～127
double	$2.3\times10^{-308}\sim1.7\times10^{308}$	word	0～65 535

1.3.2 标识符及关键字

Arduino 的开发使用的是 C 语言,C 语言常用词汇大致分为 6 类:标识符、关键字、运算符、分隔符、常量和注释符。

1. 标识符

标识符用来标识源程序中某一个对象的名称,这些对象可以是语句、数据类型、函数、变量、常量等。一个标识符由字符串、数字和下画线等组成,第一个字符必须是字母或下画线,通常,以下画线开头的标识符是编译系统专用的,因此,在编写 C 语言源程序时,一般不使用以下画线开头的标识符,而将下画线用作分段符。

2. 关键字

关键字是编程语言保留的特殊标识符,它具有固定的名称和含义,ANSI C 标准一共规定了 32 个关键字,如表 1.3 所示。

表1.3　ANSI C 标准规定的32个关键字

关键字	用　途	说　明
auto	存储种类说明	用于说明局部变量，为默认值
break	程序语句	退出最内层循环体
case	程序语句	switch 语句中的选择项
char	数据类型说明	字符型数据
const	存储种类说明	程序中不可更改的常量值
continue	程序语句	转向下一次循环
default	程序语句	switch 语句中的失败选择项
do	程序语句	构成 do…while 循环结构
double	数据类型说明	双精度浮点型数据
else	程序语句	构成 if…else 选择结构
enum	数据类型说明	枚举
extern	存储种类说明	在其他程序中说明的全局变量
float	数据类型说明	单精度浮点型数据
for	程序语句	构成 for 循环结构
goto	程序语句	构成 goto 转移结构
if	程序语句	构成 if…else 选择结构
int	数据类型说明	整型数据
long	数据类型说明	长整型数据
register	存储种类说明	使用 CPU 内部寄存器的变量
return	程序语句	函数返回
short	数据类型说明	短整型数据
signed	数据类型说明	有符号数，二进制数据中最高位为符号位
sizeof	运算符	计算表达式或数据类型的字节数
static	存储种类说明	静态变量
struct	数据类型说明	结构类型数据
switch	程序语句	构成 switch 选择结构
typedef	数据类型说明	重新进行数据类型定义
union	数据类型说明	联合类型数据
unsigned	数据类型说明	无符号数据
void	数据类型说明	无类型数据
volatile	数据类型说明	该变量在程序执行中可被隐含地改变
while	程序语句	构成 while 和 do…while 循环结构

3. 运算符

C 语言中含有丰富的运算符。运算符与变量、函数一起组成表达式，表示各种运算功能。在任意一个表达式的后面加一个“;”，就可以构成一个表达式语句。表 1.4 列出了 C 语言中常用的运算符。

表 1.4　C 语言中常用的运算符

<table>
<tr><th>类　型</th><th>运算符</th><th>说　明</th></tr>
<tr><td rowspan="5">算术运算符</td><td>+</td><td>加或取正运算符</td></tr>
<tr><td>-</td><td>减或取负运算符</td></tr>
<tr><td>*</td><td>乘运算符</td></tr>
<tr><td>/</td><td>除运算符</td></tr>
<tr><td>%</td><td>模运算符</td></tr>
<tr><td rowspan="6">关系运算符</td><td>></td><td>大于</td></tr>
<tr><td><</td><td>小于</td></tr>
<tr><td>>=</td><td>大于或等于</td></tr>
<tr><td><=</td><td>小于或等于</td></tr>
<tr><td>==</td><td>测试等于</td></tr>
<tr><td>! =</td><td>测试不等于</td></tr>
<tr><td rowspan="3">逻辑运算符</td><td>||</td><td>逻辑或</td></tr>
<tr><td>&&</td><td>逻辑与</td></tr>
<tr><td>!</td><td>逻辑非</td></tr>
<tr><td rowspan="6">位运算符</td><td>~</td><td>取反</td></tr>
<tr><td><<</td><td>左移</td></tr>
<tr><td>>></td><td>右移</td></tr>
<tr><td>&</td><td>与</td></tr>
<tr><td>^</td><td>异或</td></tr>
<tr><td>|</td><td>或</td></tr>
<tr><td rowspan="10">赋值运算符</td><td>+=</td><td>加法赋值</td></tr>
<tr><td>-=</td><td>减法赋值</td></tr>
<tr><td>*=</td><td>乘法赋值</td></tr>
<tr><td>/=</td><td>除法赋值</td></tr>
<tr><td>%=</td><td>取模赋值</td></tr>
<tr><td>>>=</td><td>右移位赋值</td></tr>
<tr><td><<=</td><td>左移位赋值</td></tr>
<tr><td>&=</td><td>按位与且赋值运算符</td></tr>
<tr><td>|=</td><td>按位或且赋值运算值</td></tr>
<tr><td>^=</td><td>按位异或且赋值运算符</td></tr>
</table>

续表

类　型	运算符	说　明
自增和自减运算符	++	自增运算符
	--	自减运算符
逗号运算符	,	将多个表达式连接起来，依次执行
条件运算符	?:	表达式 1? 表达式 2:表达式 3
求字节运算符	sizeof	求取数据类型、变量以及表达式的字节数

4. 分隔符

C 语言中采用的分隔符有逗号和空格两种。逗号主要用在类型说明和函数参数表中，用于分隔各个变量；空格多用于语句各单词之间，作间隔符。在关键字、标识符之间必须要有一个以上的空格作间隔。

5. 常量

常量是在程序运行过程中，值不能改变的数据。通常，使用一些有意义的符号来代替常量的值，称为符号常量。符号常量在使用之前必须先定义，其一般形式为

#define 标识符 常量

6. 注释符

Arduino 程序编写时，注释符分为以下两种。

(1)以"/*"开头并以"*/"结尾的字符串。在"/*"与"*/"之间的内容即为程序注释。

(2)"//"后面的字符串。

在程序编译过程中，不对注释做任何的处理，因此，通过在适当位置添加注释对程序员读懂程序是非常有用的。

1.3.3　程序语句

程序的执行是按照一定顺序且必须是完整的，也就是说，流程必定是从第一行开始到最后一行结束，且必定等每一个语句判断结束后才会跳往下一个语句进行执行。例如：当需要根据某些条件来决定执行哪些语句时，就需要选择型控制语句来实现选择结构程序；某些情况下还会不断地重复执行某些语句，就需要循环控制语句来完成循环结构程序。

1. if 语句

用 if 语句可以实现选择结构，它根据事先给定的条件进行判断，最终决定执行某个分支程序段。通常，if 语句有如下 3 种基本形式。

(1)第 1 种基本形式。

```
if(表达式)
  语句
```

该语句表示:如果表达式的返回值为真,则执行其后面的语句;否则,跳过该语句。

(2)第 2 种基本形式。

```
if (表达式)
语句 1;
  else
语句 2;
```

该语句表示:如果表达式的返回值为真,则执行语句 1;如果表达式的返回值为假,则执行语句 2。

(3)第 3 种基本形式。

```
  if (表达式 1)
{
语句 1;
}
    else if(表达式 2)
{
语句 2;
语句 3;
}
    else if(表达式 3)
语句 4;
……
    else if(表达式 n)
语句 n;
else
  语句 m;
```

该语句表示:如果表达式 1 的返回值为真,则执行语句 1,然后退出 if 选择语句,不执行下面的语句;否则,判断表达式 2,如果表达式 2 的返回值为真,则执行语句 2,然后退出 if 选择语句,不执行下面的语句;同样,如果表达式 2 的返回值为假,则判断表达式 3,依次类推,最后,如果表达式 n 不成立,再执行 else 后面的语句 m。

不难发现:3 种基本表达形式中,if 关键字后面均为表达式,该表达式通常是逻辑表达式或关系表达式,也可以是一个变量;另外,在 if 语句中,条件判断表达式必须用括号括起来,在语句之后必须加分号,如果是多行语句组成的程序段,则要用花括号括起来。

2. switch 语句

switch 语句通常用来实现多分支的选择结构,在这种情况下,判断条件表达式的值

由几段组成或不是一个连续的值，每一段或每一个值对应一段分支程序，其一般形式为

```
switch(表达式)
{
    case 常量表达式 1:
        {
        语句 1;
        语句 2;
        }
    case 常量表达式 2:
        语句 3;
    ……
    case 常量表达式 n:
        语句 n;
    default:
        语句 m;
}
```

switch 语句表示：计算表达式的值，并逐个与其后的常量表达式的值进行比较。当表达式的值与某个常量表达式的值相等时，即执行其后的语句，然后不再进行判断，继续执行所有 case 后面的语句。如果表达式的值与所有 case 后面的常量表达式均不相等，则执行 default 后的语句。

在使用 switch 语句时要注意以下问题：

(1)表达式的计算结果必须是整型或者字符型，也就是常量表达式 1 到常量表达式 n 必须是整型或字符型常量。

(2)每一个 case 后面的常量表达式必须互不相同，但各个 case 出现的次序没有过多要求。case 语句标号后面的语句可以省略不写，在关键字 case 和常量表达式之间一定要有空格。

(3)当表达式的值与某个常量表达式的值相等并执行完其后的语句时，如果不想继续执行所有 case 后面的语句，则要在语句后面加上 break 语句，以跳出 switch 选择结构。

3. while 语句

while 语句是一种典型的“当型”循环结构，其一般形式为

```
while(表达式)
    {
    语句;
    }
```

该语句表示:当计算表达式的值为真时,执行循环体语句;当表达式的值为假时,跳出循环体语句,结束当前循环,其流程图如图 1.22(a)所示。

在使用 while 语句时,需要注意以下几点:

(1)不能混淆循环结构与 if 语句的选择结构。while 的表达式为真时,其后的循环体语句将被重复执行;而 if 的条件表达式为真时,其后的语句只执行一次。

(2)在循环体中应有循环趋于结束的语句,如果没有,则会进入死循环。在编写程序时,经常遇到死循环,例如,while(1)。

(3)循环体若由若干个语句组合而成,应使用大括号括起来。

4. do…while 语句

do…while 是另一种循环语句,用来实现"直到型"循环,其特点是先执行循环体,随后判断条件是否成立,如果成立,则继续循环体结构;否则,跳出循环。其一般形式为

```
do
  语句;
while(表达式);
```

该语句表示:先执行循环体中的语句,然后判断表达式是否为真,如果为真则继续循环,如果为假则终止循环。因此可以看出,do…while 循环至少执行一次循环体语句,其程序流程图如图 1.22(b)所示。

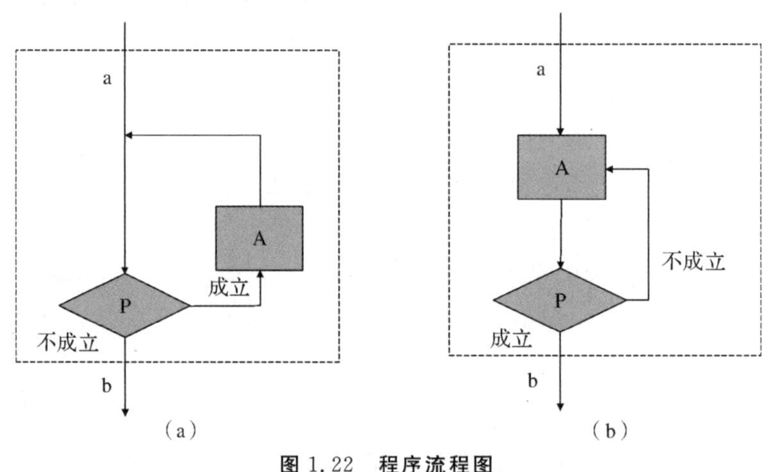

图 1.22 程序流程图

(a)"当型"循环;(b)"直到型"循环

5. for 语句

for 语句是目前使用最多、最常用的循环语句结构,可以完全取代 while 语句。它不仅适用于循环此时确定的情况,也同样适用于循环此时不确定的情况,其一般形式为

```
for (表达式 1;表达式 2;表达式 3)
    {
    语句;
    }
```

for 循环语句表示：表达式 1 为循环结构初始化部分，给循环计数器赋值，然后求解表达式 2，若其值为假，则终止循环，若其值为真，则执行 for 语句中的内嵌部分。内嵌部分执行完成后，求解表达式 3，最后继续求解表达式 2，根据求解值进行判断，直到表达式 2 的值为假。

1.4　展　　望

随着第四次产业革命的快速发展，处理器、计算机运行速度每隔一段时间便会有成倍的增长，许许多多的电子设备辅助我们完成了日常很多复杂的工作，例如安防、加工流水线等。科技创新始终来自人性，当人们有各式各样的需求时，便会动脑、动手来帮助自己更有效地解决问题。后续章节以 Arduino 的应用为基础，帮助笔者完成实践作品，希望通过这个开源平台带给每一位电子爱好者需要的资源和案例展示，促进这个领域的迅速发展。

世界最早的“机器人”

——中华文明智慧结晶

世界上最早的“机器人”就诞生在中国。周穆王时期偃师制作的“能歌善舞”的木质机关人、三国时期诸葛亮设计制作的“木牛流马”等，都是世界上最早期的“机器人”。

蜀汉的诸葛亮为了解决在四川崎岖陡峭的山路上运送粮草的问题，发明了一种被称为“木牛流马”的交通工具，其载重量为“一岁粮”(大约四五百斤)，每日行程为“特行者数十里，群行三十里”，可为蜀国十万大军提供粮食。《三国演义》第一百零二回中有诸葛亮制造的木牛流马的相关描述，说这种运输工具“搬运粮米，甚是便利。牛马皆不水食，可以昼夜转运不绝也”。这么神奇的运输工具，并非作者凭空杜撰，史书上早有记载。《南齐书·祖冲之传》记载：“以诸葛亮有木牛流马，乃造一器，不因风水，施机自运，不劳人力。”宋代高承《事物纪原》记载：“小车：蜀相诸葛亮之出征，始造木牛流马以运饷，盖巴蜀道阻，便于登涉故耳。木牛即今小车之有前辕者；流马即今独推者。”

无论是木牛流马，还是木质机关人，都彰显了中华民族人民伟大的智慧，展现了中国古代的工匠精神。纵观历史，中华民族文明的一个明显的特征就是长久地保持着乐观、奋进、不断探索的处世精神。在任何困苦的局面下，中国人都未曾陷入虚无主义的深渊以至于祈求无法预测的彼岸世界。比如面对自然险阻时的大禹治水、愚公移山，比如面对个人困境时的凿壁偷光、悬梁刺股，从李白的“长风破浪会有时，直挂云帆济沧海”到毛泽东的“自信人生二百年，会当水击三千里”，都渗透着这种奋斗于此生、成就于此世的精神力量。

▶二十大金句与思考

党的二十大报告指出:“中华优秀传统文化源远流长、博大精深,是中华文明的智慧结晶,其中蕴含的天下为公、民为邦本、为政以德、革故鼎新、任人唯贤、天人合一、自强不息、厚德载物、讲信修睦、亲仁善邻等,是中国人民在长期生产生活中积累的宇宙观、天下观、社会观、道德观的重要体现,同科学社会主义价值观主张具有高度契合性。”

完善科技创新体系、加快实施创新驱动发展战略，体现了我们党对历史发展规律和当今国际竞争形势的深刻把握，展现了我们党赢得优势、赢得主动、赢得未来的信心和决心。

第2章　Arduino的基本函数

Arduino之所以能在电子爱好者、创客设计人员中广泛流行，是因为Arduino的低门槛、硬件无关性，且能够提供大量的基本函数，这些基本函数涉及I/O控制、时间函数、数学函数、三角函数等，使用者可以很方便地对控制板上的资源进行控制，同时，提供了大量的示例程序供使用者学习参考。

2.1　数字I/O

2.1.1　pinMode(pin,mode)

pinMode函数用来配置引脚为输出或输入模式，它本身是一个无返回值函数，函数有pin和mode两个参数，pin参数表明控制板所要配置的引脚，mode参数则设置引脚的模式(输入或输出)。由于Arduino项目是完全开源的，所以pinMode (pin, mode)函数原型可直接在Arduino开发环境目录下的hardware\arduino\cores\arduino文件夹里的wiring_digital.c文件中查看。

通过对该函数原型的了解，有助于使用者深入了解Arduino的基本函数的底层实现方式，但这部分内容需要在单独深入学习AVR单片机的基础上进行。通常，只需要能够熟练使用基本函数即可。

2.1.2　digitalWrite(pin,value)

digitalWrite函数可将设置的相应引脚的输出电压定义为高电平或低电平。该函数同样也是一个无返回值的函数，其参数分别为pin和value，pin参数表示所要设置的引脚，value参数表示输出的电压为HIGH(高电平)或LOW(低电平)。

digitalWrite(pin,value)函数原型同样可以在wiring_digital.c文件中找到。值得注意的是，使用digitalWrite(pin, value)函数时，一般和pinMode函数搭配使用，即设置引脚的输出模式。例如,使用 pinMode 函数控制直流电机运转的程序,如图 2.1 所示。

```
void setup()
{
   pinMode(5,OUTPUT);
   pinMode(6,OUTPUT);
}

void loop()
{
digitalWrite(5,LOW);
digitalWrite(6,HIGH);
}
```

图 2.1　pinMode 函数直流电机控制程序

该程序设置直流电机的两个引脚分别为 5 和 6,并设置它们分别输出低电平值和高电平值。

2.1.3　digitalRead(pin)

digitalRead 函数用于引脚为输入的情况,可以获取引脚的电压情况,即高电平或低电平,参数 pin 表示所要获取电压值的引脚。该函数返回值为 int 型,表示引脚的电压情况。例如,分别设置引脚 7 和引脚 13 作为按键开关和发光二极管,通过控制按键开关来控制发光二极管的工作状态,其程序如图 2.2 所示。

```
int ledPin=13;//LED connected to digital pin 13
int inPin=7;   //pushbutton connected to digital pin 7
int val=0;     //variable to store the read value

void setup() {
  pinMode(ledPin,OUTPUT);//sets the digital pin 13 as output
  pinMode(inPin,INPUT);    //sets the digital pin 7 as iutput
}

void loop()
  val=digitalRead(inPin);//read the input pin
  digitalWrite(ledPin,val);//sets the LED to the button's value
}
```

图 2.2　blink 发光二极管程序示例

2.2　模拟 I/O

2.2.1　analogReference(type)

analogReference 函数用来配置模拟引脚的参考电压。在嵌入式应用中,引脚获取模拟电压值后,将根据参考电压将模拟值转换成 0～1 023。该函数为无返回值函数,参数 type 有 3 种类型,分别为 DEFAULT、INTERNAL 和 EXTERNAL,具体含义如下。

(1)DEFAULT:系统默认值,参考电压为 5 V。

(2)INTERNAL:低电压模式,使用电路板内基准电压源。

(3)EXTERNAL:外部扩展模式,通过 AREF 引脚获取参考电压,AREF 引脚位置如图 2.3 所示。在使用外部扩展模式给 AREF 引脚加载外部参考电压时,一般需要使用一个 5 kΩ 的上拉电阻,这样可以有效避免因设置不当造成的芯片损坏。

图 2.3　AREF 引脚位置

2.2.2　analogRead(pin)

analogRead 函数用于读取相应引脚的模拟量电压值,每读取一次需要 100 μs。参数 pin 代表所要获取模拟量电压值的引脚号,该函数返回值为 int 型,表示引脚的模拟量电压值,范围在 0～1 023 之间。函数的参数 pin 范围是 0～5,表示 6 个模拟 I/O 接口的一个,其函数原型可在 wiring_analog. c 文件中查看,具体如下:

```
int analogRead(uint8_t pin)
{
  uint8_t low, high;
#if defined(analogPinToChannel)
```

```
#if defined(__AVR_ATmega32U4__)
  if (pin >= 18) pin -= 18; // allow for channel or pin numbers
#endif
  pin = analogPinToChannel(pin);
#elif defined(__AVR_ATmega1280__) || defined(__AVR_ATmega2560__)
  if (pin >= 54) pin -= 54; // allow for channel or pin numbers
#elif defined(__AVR_ATmega32U4__)
  if (pin >= 18) pin -= 18; // allow for channel or pin numbers
#elif defined(__AVR_ATmega1284__) || defined(__AVR_ATmega1284P__) || defined(_
_AVR_ATmega644__) || defined(__AVR_ATmega644A__) || defined(__AVR_ATmega644P_
_) || defined(__AVR_ATmega644PA__)
  if (pin >= 24) pin -= 24; // allow for channel or pin numbers
#else
  if (pin >= 14) pin -= 14; // allow for channel or pin numbers
#endif

#if defined(ADCSRB) && defined(MUX5)
  // the MUX5 bit of ADCSRB selects whether we're reading from channels
  // 0 to 7 (MUX5 low) or 8 to 15 (MUX5 high)
  ADCSRB = (ADCSRB & ~(1 << MUX5)) | (((pin >> 3) & 0x01) << MUX5);
#endif
  // set the analog reference (high two bits of ADMUX) and select the
  // channel (low 4 bits). this also sets ADLAR (left-adjust result)
  // to 0 (the default)
#if defined(ADMUX)
#if defined(__AVR_ATtiny25__) || defined(__AVR_ATtiny45__) || defined(__AVR_
ATtiny85__)
  ADMUX = (analog_reference << 4) | (pin & 0x07);
#else
  ADMUX = (analog_reference << 6) | (pin & 0x07);
#endif
#endif

// without a delay, we seem to read from the wrong channel
  //delay(1);
#if defined(ADCSRA) && defined(ADCL)
  // start the conversion
  sbi(ADCSRA, ADSC);
  // ADSC is cleared when the conversion finishes
```

```
    while (bit_is_set(ADCSRA, ADSC));
    // we have to read ADCL first; doing so locks both ADCL
    // and ADCH until ADCH is read. reading ADCL second would
    // cause the results of each conversion to be discarded,
    // as ADCL and ADCH would be locked when it completed
    low = ADCL;
    high = ADCH;
#else
    // we dont have an ADC, return 0
    low = 0;
    high = 0;
#endif

    // combine the two bytes
    return (high << 8) | low;
}
```

2.2.3 analogWrite(pin,value)

analogWrite 函数通过脉冲宽度调制的方式在引脚上输出一个模拟量，通常应用在 LED 亮度控制、电机转速控制等方面。脉冲宽度调制是通过一系列脉冲的宽度进行调制，来等效获取所需的波形或电压。脉冲宽度调制实质上是一种模拟控制方式，是将离散数字信号转换成类似于模拟信号的效果的过程，其根据相应载荷的变化调制晶体管栅极或基极的偏置，来实现开关稳压电源输出晶体管或晶体管导通时间的改变，是利用微处理器的数字输出对模拟电路进行控制的一种非常有效的技术。图 2.4 为 3 个不同占空比的 PWM 波示意图。

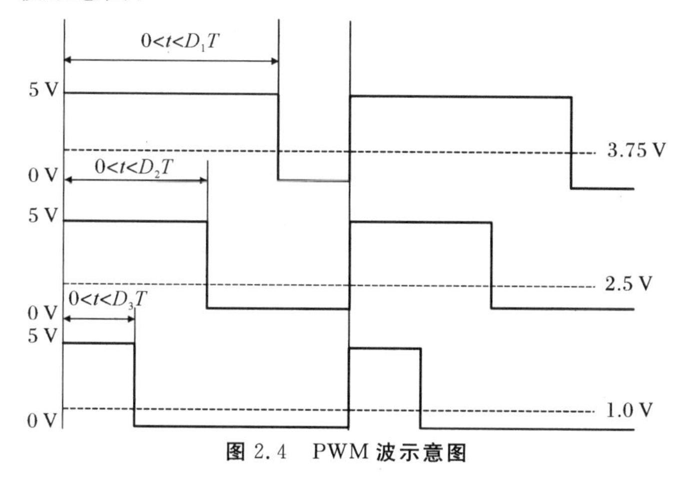

图 2.4　PWM 波示意图

图 2.4 中，T 为 PWM 波周期，t 为高电平宽度，D 为 PWM 波占空比。当 PWM 波

通过一个低通滤波器时，波形中的高频部分被滤掉，得到所需的波形，其平均电压为最大电压乘以占空比。因此，可以通过调节占空比的大小来获得不同的平均电压，如图2.4所示。Arduino 中 PWM 的频率大约为 490 Hz，函数支持引脚 3、5、6、9、10、11，在 Arduino 控制板中常用"~"标注，如图 2.5 所示。

analogWrite(pin，value)为无返回值函数，pin 表示所需设置的引脚号，value表示 PWM 输出占空比，范围在 0～255 之间，对应的占空比为0%～100%。

图 2.5　Arduino 控制板 PWM 引脚

2.3　时间函数

2.3.1　delay(value)

delay 函数是一个典型的延时函数，参数 value 表示延时时长，单位为 ms，该函数无返回值，例如，设置引脚 13 作为发光二极管控制信号，通过延时函数可以调节发光二极管的点亮/熄灭时间间隔，程序如下所示。

```
int ledPin = 13;                    // LED connected to digital pin 13
void setup() {
  pinMode(ledPin, OUTPUT);      // sets the digital pin as output
}

voidloop() {
```

```
  digitalWrite(ledPin, HIGH); // sets the LED on
  delay(5000);                // waits for five second
  digitalWrite(ledPin, LOW);  // sets the LED off
  delay(3000);                // waits for three second
}
```

2.3.2　delayMicroseconds(value)

delayMicroseconds 函数同样是延时函数，不同的是其参数 value 的单位是 μs。

2.3.3　mills()

mills 函数可以获取机器运行的时间长度，单位为 ms。系统最长的记录时间为 9 h 22 min，如果超出该时间，将从 0 开始，函数返回值为 unsigned long 型，无参数。因此，在使用 mills 函数时，如果使用 int 型保存时间，将会得到错误结果。

2.4　中断函数

单片机的中断可以描述为：由于某一个随机事件的发生，单片机暂停原程序的运行，转而执行另一个程序(随机事件)，处理完毕后又自动回到断点处继续执行原程序。其中，中断源指引起中断的原因，或能够发生中断请求的来源；中断服务程序指处理中断请求的程序。

2.4.1　interrupts 和 noInterrupts 函数

在 Arduino 中，interrupts 函数和 noInterrupts 函数分别负责打开和关闭中断，这两个函数均为无返回值函数，均无参数，可在 wiring.h 文件中查看函数的原型，具体如下：

```
#define interrupts() sei()
#define noInterrupts() cli()
```

2.4.2　attachInterrupt 函数

attachInterrupt 函数用于设置外部中断，具有 3 个参数，分别为 interrupt、function 和 mode，分别对应中断源、中断处理函数和触发模式。具体含义如下：

(1)参数中断源可选值为 0 或 1，在 Arduino 控制板对应引脚 2 或 3。

(2)参数中断处理函数用来指定中断的处理函数，参数值为函数的指针，当中断发生时执行该子程序部分。

(3)触发模式有 4 种类型：LOW(低电平触发)、CHANGE(变化时触发)、RISING

（上升沿触发）、FALLING（下降沿触发）。例如，通过外部引入中断源的方式，控制13号引脚的LED进行闪烁，具体程序如下：

```
int pin=13;
volatile int state=LOW;
void setup()
{
    pinMode(pin,OUTPUT);
    attachInterrupt(0,blink,CHANGE);
}
void loop()
{
   digitalWrite(pin,state);
}
// 中断处理函数 blink
void blink()
{
      state=! state;
}
```

在使用attachInterrupt函数时，通常需要注意以下几点。

（1）在中断函数中，delay函数不能使用。

（2）使用mills函数始终返回进入中断前的值。

（3）读取串口数据时，可能会造成数据丢失现象。

（4）中断函数中使用的变量需要定义为volatile型。

2.4.3 detachInterrupt 函数

detachInterrupt函数用于取消中断，其格式为detachInterrupt(interrupt)，参数interrupt表示所要取消的中断源。

2.5 串口通信函数

在Arduino中，串口通信通过HardwareSerial类来实现，在头文件HardwareSerial.h中定义了一个HardwareSerial类的对象Serial，直接使用类的成员函数就可简单地实现串口通信。下面，简要介绍常用的几个串口通信函数。

2.5.1 Serial.begin()

Serial.begin函数用来设置串口通信频率的波特率，波特率是指每秒传输的比特数，一般为 9 600 b/s、19 200 b/s、57 600 b/s、115 200 b/s。例如，可设置波特率，通过串口打印出“Hello Word”等字符串，程序如下：

```
void setup()
{
    // put your setup code here, to run once:
Serial.begin(9600);
}


void loop()
{
    Serial.println("Hello World");//put your main code here, to run repeatedly:
    delay(100);
}
```

2.5.2　Serial.available()

Serial.available 函数用来判断 Arduino 串口是否接收到数据，函数返回值为 int 型，不带参数。

2.5.3　Serial.read()

Serial.read()函数用于将串口数据读入，函数返回值为 int 型，不带参数。

2.5.4　Serial.print()和 Serial.println()

Serial.print()函数和 Serial.println()函数均用于从串口输出数据，数据可以是变量，也可以是字符串。其中，Serial.println()比 Serial.print()多了回车换行功能。

下面通过一个简单示例来实现串口打印功能，具体程序如下：

```
int a;//定义变量 a
void setup()
{
  Serial.begin(9600);//设置波特率为 9 600 b/s，这里要跟软件设置相一致。当接入特定
设备时，也要跟其他设备的波特率达到一致
}
void loop()
{
```

```
  a=Serial.read();//读取PC发送给Arduino的指令或字符,并将该指令或字符赋给val
  if(a=='R')//判断接收到的指令或字符是否是"R"
  {  //如果接收到的是"R"字符
    Serial.println("Hello World!");//显示"Hello World!"字符串
  }
}
```

2.6 常用数学函数

2.6.1 min(x,y)

min 函数用来返回 x、y 两者中较小的值,函数原型为

```
#define min(a,b)      ((a)<(b)? (a):(b))
```

2.6.2 max(x,y)

max 函数用来返回 x、y 两者中较大的值,函数原型为

```
#define max(a,b)      ((a)>(b)? (a):(b))
```

2.6.3 abs(x)

abs(x)的作用是用来获取参数 x 的绝对值,函数原型为

```
#define abs(x)    ((x)>0? (x):-(x))
```

2.6.4 map 函数

map 函数的作用是将原数据范围内的数值等比映射到输出范围内,其函数的返回值为 long 型,函数基本格式为 map(x, in_min, in_max, out_min, out_max)。函数原型为

```
long map(long x, long in_main, long in_max, long out_min, long out_max)
{
     return (x-in_min) * (out_max-out_min)/(in_max-in_min)+out_min;
}
```

例如,利用 map 函数可将模拟值 0~1 023 映射到 0~255,具体代码如下所示:

```
/* map an analog value to 8 bits (0 to 255)    */
void setup()    {}
```

```
void loop()
{
    int val=analogRead(0);
    val=map(val,0,1023,0,255);
    analogWrite(9, val);
}
```

2.6.5　三角函数

三角函数包括 sin(rad)、cos(rad)、tan(rad),分别得到 rad 的正弦值、余弦值和正切值,返回值均为 double 型。

2.6.6　constrain 函数

constrain 函数格式为 constrain(x,a,b),其描述过程为:如果 x 值小于 a,则返回 a 值;如果 x 值大于 b,则返回 b 值;否则,返回 x 值。该函数一般可以用于将值归一化到某一个区间内,其函数原型为

```
# define constrain (amt, low, high)
{(amt)<(low)? (low): {(amt)>(high)? (high) : (amt)}}
```

例如,可以通过 constrain 函数将数据限定在某一个范围内,具体代码如下:

```
    sensVal = constrain(sensVal, 10, 150);        // limits range of sensor values to
between 10 and 150
```

2.7　随　机　数

实际上,计算机不能真正产生随机数,这是因为随机数的产生本质是通过数学算法进行的,也就是说,如果输入 x 唯一且确定,那么产生的随机数输出 $f(x)$ 也一定是唯一且确定的,所以通常用计算机上的时钟脉冲信号作为产生随机数的种子。

2.7.1　randomSeed(seed)

randomSeed()函数用来设置随机数种子,随机种子的设置对产生的随机序列有影响,该函数无返回值,函数原型如下:

```
   void randomSeed(unsigned int seed)
{
if (seed ! =0)
     {
```

```
            srandom(seed);
        }
    }
```

2.7.2 random 函数

random 函数可生成一个随机数，其应用格式可表示为 random(max)或 random(min,max)，参数 min 和 max 决定了随机数的范围，函数参数及返回值均为 long 型，其原型如下：

```
        long random (long howsmall, long howbig)
    {
            if (howsmall>=howbig)
        {
                Return howsmall;
        }
        long diff=howbig-howsmall;
        return random(diff)+howsmall;
    }
```

虽然 random()返回的数字的分布本质上是随机的，但是顺序是可预测的。如果存在一个未连接的模拟引脚，它可能会从周围环境中拾取随机噪声，可能是无线电波、宇宙射线、手机的电磁干扰等。示例程序如下：

```
Long randomNumber;
Void setup()
{
Serial.begin(9600);
//if analog input pin 0 is unconnected, randon analog
//noise will cause the call to randomSeed() to generate
//different seed numbers each time the sketch runs
// randomSeed() will then shuffle the random function
  randomSeed(analogRead(0));
}
  Void loop
{
  // print a random number from 0 to 299
  Serial.print("random1=");
  randNumber=random(300);
```

```
    Serial. println(randNumber); //print a random number from 0 to 299
    Serial. print("random2=");
   ranNumber=random(10,20);    //print a random number from 10 to 19
   Serial. println(randNumber);
   delay(50);
}
```

2.8 位/字节操作

位是一个二进制数字，二进制系统中数字使用 0 和 1 表示，与十进制数字系统类似，数字的位数不具有相同的值，位的意义取决于其在二进制数中的位置。例如，十进制数 666 中的数字相同，但具有不同的位。

一个字节是由 8 位组成，最左边的位具有被称为最高有效位(Most Significant Bit, MSB)的最大值，最右边的位具有最小值，因此被称为最低有效位(Least Significant Bit, LSB)。由于可以以 256 种不同的方式组合一个字节的 8 个 0 和 1，所以可以由一个字节表示的最大十进制数为 255。字节组成示意图如图 2.6 所示。

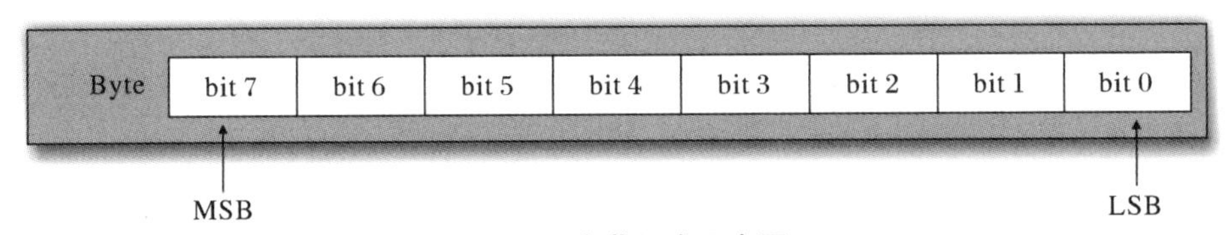

图 2.6 字节组成示意图

位操作用于设置或读取字节中的某一位或几位，包括 bitRead()、bitSet()、bitClear()等，具体定义及功能可参考 wiring. h，程序如下：

```
#define lowByte()  ((unit8_t)  ((w) &0xff))  //低字节
#define lowByte()  ((unit8_t)  ((w) &0xff))  //低字节


//读 bit 位的值，即保留 bit 位，其他位均清零
#define bitRead(value,bit)      (((value)>>(bit)) &0x01)


//置 bit 位的值，即 bit 位置 1
#define bitSet(value,bit)     (((value) |=(1UL<<(bit)))


#清除 bit 位，即 bit 位置 0
#define bitClear(value,bit)   (((value) |&=-(1UL<<(bit)))


//写 bit 位的值，1 或者 0
```

```
#define bitWrite(value,bit,bitvalue) (bitvalue ? bitSet(value,bit) :bitClear(value,bit))
```

2.9 串行外设接口(SPI)

2.9.1 SPI 概述

SPI(Serial Peripheral Interface)是由摩托罗拉公司提出的一种同步串行外设接口总线,它可以使 MCU(Micro Control Unit,微控制单元)与各种外围设备以串行方式进行通信以及交换信息,总线采用 3 根或 4 根数据线进行数据传输,即两条控制线(芯片选择 CS 和 SCLK)以及两条数据信号线 SDI 和 SDO。

SPI 是一种全双工通信总线,意味着数据可以同时发送和接收。在现有的 SPI 技术规范中,数据信号线 SDI 称为 MISO(Master In Slave Out,主入从出),数据信号线 SDO 称为 MOSI(Master Out Slave In,主出从入),控制信号线 CS 称为 SS(Slave Select,从属选择),将 SCLK 称为 SCK(Serial Clock,串行时钟)。

2.9.2 SPI 工作方式

SPI 是以主从方式工作的,允许一个主设备和多个从设备进行通信,主设备通过不同的 SS 信号线选择不同的从设备进行通信。当主设备选中其中一个从设备后,MISO 和 MOSI 用于串口数据的接收和发送,CSK 提供串行通信时钟,上升沿发送,下降沿接收。在实际应用中,SPI 具有 4 种操作模式,分别为模式 0、模式 1、模式 2 和模式 3。

(1)模式 0(默认值):时钟通常为低电平(CPOL=0),数据在从低电平到高电平(前沿)(CPHA=0)的转换时采样。

(2)模式 1:时钟通常为低电平(CPOL=0),数据在从高电平到低电平(后沿)(CPHA=1)的转换时采样。

(3)模式 2:时钟通常为高电平(CPOL=1),数据在从高电平到低电平(前沿)(CPHA=0)的转换时采样。

(4)模式 3:时钟通常为高电平(CPOL=1),数据在从低电平到高电平(后沿)(CPHA=1)的转换时采样。

2.9.3 SPI 接口函数

Arduino 中的 SPI 通信是通过 SPIClass 类来实现的(使用时必须包括“SPI.h”文件),使用 SPIClass 类能够方便地将 Arduino 作为主设备与其他从设备通信。SPIClass 类提供了如下几个函数供使用者调用:

(1)SPI.begin():通过将 SCK、MOSI 和 SS 设置为输出来初始化 SPI 总线,将 SCK

和 MOSI 拉低，将 SS 拉高。

(2)SPI. setClockDivider(分频器)：相对于系统时钟设置 SPI 时钟分频器，基于 AVR 板，可用的分频器为 2、4、8、16、32、64 或 128。默认设置为 SPI_CLOCK_DIV4，它将 SPI 时钟设置为系统时钟的 1/4。

(3)SPI. transfer(val)：用于传输数据(包括发送和接收)，参数为发送的数据值，返回的参数为接收的数据值。

(4)SPI. setDataMode：设置 SPI 数据模式。由于在 SPI 通信中没有定义任何通用的时钟规范，所以在具体应用中有的在上升沿采样，有的在下降沿采样，具体模式分类见 2.9.2 节。

例如，在实际应用中，可将两块 Arduino UNO 主控板连接在一起，一个作为主机，另一个作为从机，其引脚分别为 SS：pin10；MOSI：pin11；MISO：pin12；SCK：pin13。其仿真接线图如图 2.7 所示。

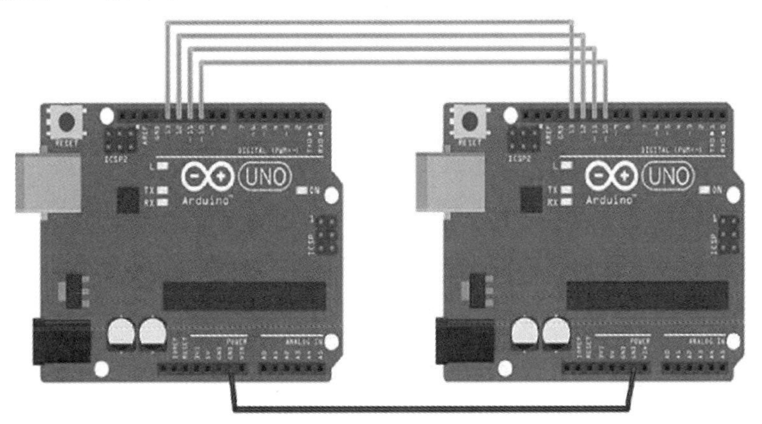

图 2.7　SPI 通信仿真接线图

(1)SPI 主机示例程序如下：

```
#include<SPI.h>
void setup(void){
   Serial.begin(9600);        // set baud rate to 9600 for usart
   digitalWrite(SS,HIGH);      // disable Slave Select
   SPI.begin();
  SPI.setClockDivder(SPI_CLOCK_DIVB);        // divide the clock by 8
}


void loop(void){
     char c;
   digitalWrite(SS,LOW);     // enable Slave Select
   // send test string
```

```
  for  (const char * p="Hello, world! \r"; c= * p; p++){
        SPI.transfer(c);
        Serial.print(c);
  }
   digitalWrite(SS,HIGH); // disable Slave Select
   delay(2000);
}
```

(2)SPI 从机示例程序如下：

```
  #include<SPI.h>
  char buff [50];
volatile byte indx;
volatile Boolean process;
void setup(void){
   Serial.begin(9600);
   pinMode(MISO, OUTPUT);    // have to send on master in so it set as output
   SPCR |=_BV(SPE);          //turn on SPI in slave mode
   indx=0;    //buffer empty
   process=false;
   SPI.attachInterrupt();             //turn on interrupt
}
     ISR (SPI_STC_vect)        //   SPI interrupt routine{
   byte c=SPDR;        // read byte from SPI data register
   if (indx<sizeof buff) {
   buff [indx++]=c;       //save data in the next index in the array buf
         if  (c=='\r')  // check for the end of the word
       process=true;
     }
}

void loop(void){
   if (process){
   process=false;           //reset the process
  Serial.println(buff);          //print the array on the serial monitor
   Indx=0;          // reset the button to 0
  }
}
```

龙腾 T1

——科技自立自强

龙腾 T1 芯片(见图 2.8)由西北工业大学航空微电子中心研制，是国内首家研制成功的手机用 TFT(薄膜晶体管)彩色液晶显示驱动控制电路芯片。其高性能彩色液晶显示驱动控制电路芯片的研制成功，体现了我国在核心元器件方面的自主创新能力，打破了信息产业关键核心芯片国外垄断局面，对促进我国信息产业核心芯片的国产化具有重大意义。同时，对我国平板显示领域技术的发展有跨越式促进作用。

图 2.8　龙腾 T1 芯片

龙腾 T1 芯片可供“1.8～2.0”TFT－LCD(薄膜晶体管液晶显示)彩屏收集使用，同时也可应用于 PDA、MP3、MP4、数码相机等由电池供电的便携式电子仪器的显示设备中。该芯片实现了液晶显示驱动控制电路的单片集成化，减小了芯片的面积、功耗和制造成本，其性能指标达到或部分超过国际市场上同类产品水平，尤其在高画质显示与低电压供电方面具有明显性能优势，已达到量产时的性能和质量要求，具备产业化条件。在该芯片的研发过程中完成了多项技术创新，已申请受理 3 项技术发明专利。2006 年初，被列入陕西省重点支持的六项优选重大项目之一。

▶二十大金句与思考

科技自立自强是国家强盛之基、安全之要。党的二十大报告对加快实施创新驱动发展战略做出重要部署，要求“加快实现高水平科技自立自强”，坚持基础理论创新与技术创新并重。习近平总书记指出：“我国面临的很多‘卡脖子’技术问题，根子是基础理论研究跟不上，源头和底层的东西没有搞清楚”，强调要“弄通‘卡脖子’技术的基础理论和技术原理”。这就要求我们将基础理论创新与技术创新有机结合起来，使基础研究同应用研究相互促进、良性互动，碰撞出创新之火、科技之花，结出产业之果。

坚持创新在我国现代化建设全局中的核心地位，既要重视科技创新，也要重视与生产关系有关的制度创新，还要重视理论创新、文化创新等，全面发挥创新的第一动力作用。

第3章　基本电路知识

本章主要介绍基本电路知识与基本电子元器件。在机械架构搭建完成后，其余部分使用的主板、传感器等模块都需要搭建电路才能够连通，实现控制，使其发挥作用，从而进行信息的交互。因此，本章主要介绍一些基本的电路知识，学习器件、符号、封装特性的辨识，为设计电路打下基础。

3.1　电的基本认识

说到电，相信读者都不陌生，在日常生活中，现代智能化的产品或用具大部分都需要电来驱动，电的使用已经融入我们生活的方方面面。随着信息化的发展，越来越多的交互方式都需要电来作为支撑，例如我们每天在使用的手机，出门不用带现金，使用手机支付软件就可以很方便地完成付款，但是，当手机没电时，就很有可能会陷入窘境——没办法进行支付(除非有随身携带少量现金的习惯)。这也从侧面反映出，现代社会如果缺失了电的支持，很多事情就会变得复杂而又困难。

从理论上来说，我们知道，衡量单位电荷在静电场中由于电势不同所产生的能量差的物理量被称为电压 U，在通过不同电阻体 R 时，根据公式：

$$I=\frac{U}{R} \tag{3.1}$$

就可以算出电路中的电流大小 I，单位为 A(安培)。因此，根据欧姆定律的不同表示形式，电压、电阻、电流 3 个量中只要给定任意两个变量值，剩下的一个变量就可以通过公式求出。根据式(3.1)可知，在电压相同的条件下，电阻的阻值越大，通过电路的电流 I 就越小。

功率 P 是用来表示电能消耗快慢的一个物理量，单位为 W(瓦特)，有公式：

$$P=I^2R \tag{3.2}$$

相对应的，在同等电流大小下，电阻值越大，消耗的能量就越多。在根据欧姆定律与电功率计算公式计算对应物理量时，可参考饼状图 3.1。

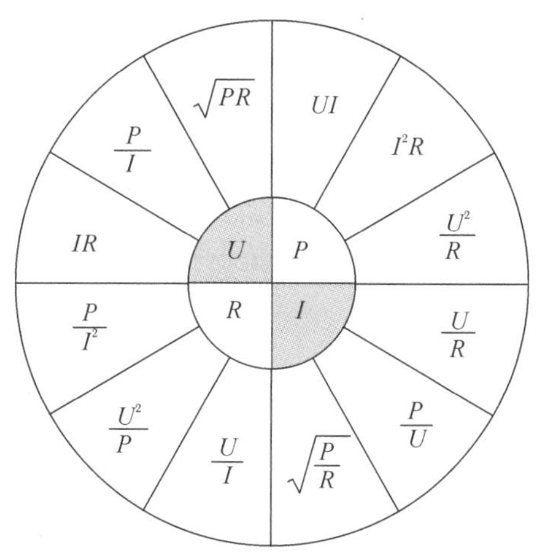

图 3.1　欧姆定律与功率计算饼状图

在 Arduino 设计中，除了要考虑要用什么器件、器件的布局之外，还要考虑器件接入的电压大小，器件是否有额定电压、功率等参数要求。因此，学习电路基础知识，理解电流、电压、功率等概念并掌握其计算方法，理解串、并联的关系，就为电路搭建做好了准备。

3.2　基本工具

3.2.1　面包板与线

面包板（见图 3.2）是电路实验中最基础的一个工具，根据使用需求的不同，会有各种尺寸的面包板。

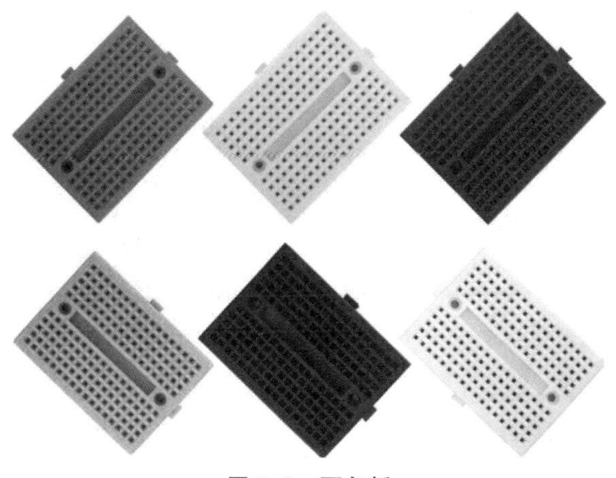

图 3.2　面包板

为什么叫面包板呢？这不是因为最开始的时候它长得像面包或者是在面包上来搭建电路的，而是因为面包板是直接翻译英文单词“breadboard”而得来的。早期国外的实验者在搭建电路时，都是在类似于切面包的板子上钉上铜钉之后，将需要连接的器件通过铜线连接到铜钉上进行导通的，因此才会跟面包联系起来。这种方法的弊端就在于，当器件数量增多时，数量庞大的导线连接复杂、布局杂乱并且所占区域较大，后来经过不断地研究与改进，才逐渐形成了现在我们所用的面包板。最简单的面包板的内部如图 3.3 所示，其横向相邻的 5 个孔下方是相通的金属导体，而纵向间的栅格是不导通的。

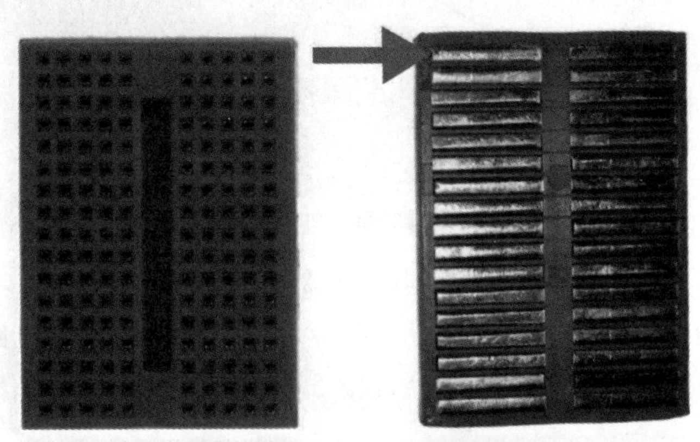

图 3.3　简单面包板的内部

除面包板外，还有一种常用的基础电路板，叫作洞洞板。常见的洞洞板有单面板和双面板，孔径大小与间距基本相同，器件插装好后在背面通过焊接、跳线等方式将同一条通路上的器件相导通(见图 3.4)。此方法虽然节省了空间，但是需要设计者根据器件和洞洞板的大小设计合理的电路布局，并且在需要手工焊接的部分也具有一定的操作难度和危险性，而面包板则免去了焊接的部分，只需要根据判断电路的导通与否将器件、导线两端插装搭载到电路板中即可，如图 3.5 所示。因此，电路实验中，使用面包板来完成电路搭建与检测调试是一种更安全、更便捷的选择。

图 3.4　洞洞板背面的连接线　　　　图 3.5　面包板连接的电路

常用的面包板(见图 3.6)大致可以分为两个区域：

(1)在如图3.6(a)摆放的面包板的最左侧或者最右侧,会看到标有"+/-"符号的两列插孔,其中,标"+"符号的一列全部是导通的,也就意味着只要其中一个孔和电源连接,从该列的其他任意一个孔接出的导线都是导通电源的,标"-"符号的一列同理,具体可参考图3.6(b)。

(2)在板子的中间部分分布着距离相等的栅格,每行相邻5个栅格为一组,彼此之间是相互导通的,有间隔的相邻两行是不导通的,上下两行也是不导通的,即如图3.6(a)中对应的a、b、c、d、e列从左至右5个栅格相通,同理f、g、h、i、j列从左至右5个栅格也相通。也可以理解为:标数字1的第一行中,左半部分5个栅格是一组,右半部分5个栅格是一组;而e列与f列之间有间隔,因此每一行中对应的e、f列上的栅格之间就不导通。因此,如果需要插装DIP(Dual Inline-pin Package,双列直插式封装)的芯片,应该考虑芯片一边的管脚插装在同一列、不同行的位置(以DIP4封装的芯片为例,该芯片4个管脚按顺序可对应插装在2-b、3-b、3-d、2-d的位置,此处仅举例,以实际管脚位置为准)。

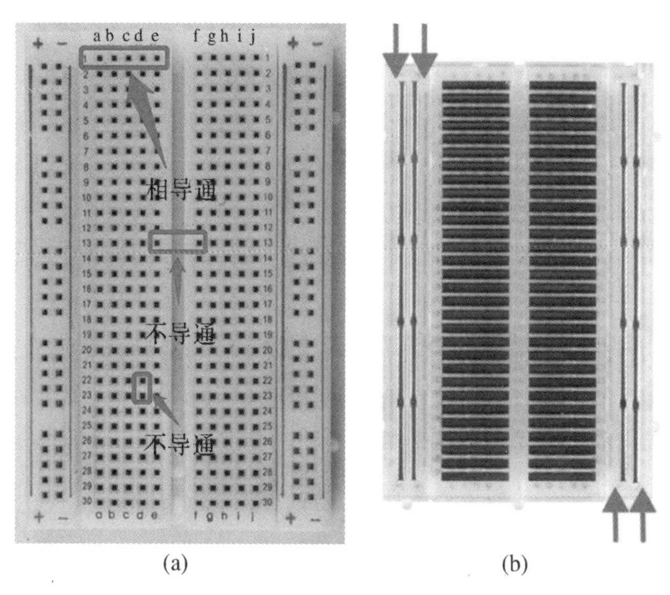

(a) (b)

图3.6 常用面包板内、外布局

面包板上的器件、导线通过插装到对应的栅格中来进行布局。在搭建电路的过程中要辨别清楚板子上栅格与栅格之间的连接关系,在连接电路的过程中要设计好器件、导线的位置,尽量做到布局干净、电路一目了然。

面包板上的线也可以称为面包线,但多数情况下还是称为杜邦线。杜邦线的线头分为公头和母头,如图3.7所示,图中左侧带孔的线头称为母头,右侧带针的线头称为公头。使用面包板时,一般会选用公-母杜邦线,其余还有公-公、母-母形式的杜邦线,可根据电路的需要选择使用,例如Arduino主板上连接不同模块的器件时,可能就需要以上几种不同形式的杜邦线。

图 3.7　公-母杜邦线

3.2.2　万用表

万用表是我们在进行电子测量和器件识别以及电路检测中非常常用的一种测量工具。如图 3.8 所示，以 VC890D 型号的万用表为例，整个万用表测量可分为 6 种测量功能：电容大小、电阻大小、电流大小、交流电压大小、直流电压大小及右上角区域的晶体管引脚测试。

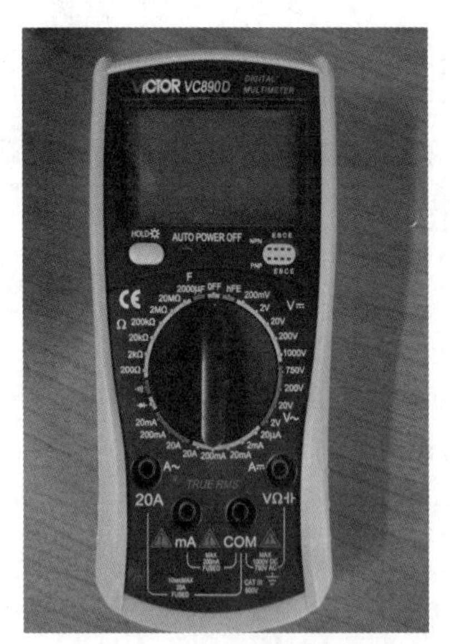

图 3.8　VC890D 万用表

在放置时，将开关打到 OFF 挡，启用时，根据所要测量的器件或电路中对应的测量点，将旋钮打到对应的挡位后进行测量。基本测试分为以下 3 种。

(1)基本参数测量。测试时将黑表笔接入 COM 接口,红表笔根据自身测试需要插入到不同的电流、电压、阻值、电容挡对应的接口中。每次在测量时应先将挡位调到高于自己测量的数值范围挡位(如测量电阻时,假设对应的是1 kΩ的电阻,则应该将挡位调到 2 kΩ),当不确定对应哪一挡时,将挡位调至最高挡(即未知电阻应先将挡位调至 20 MΩ)。

(2)三极管测量。已知三极管的三个引脚分别对应基极、集电极与发射极,在测试的过程中,可以先将功能旋钮转至二极管挡位,利用红、黑表笔测试数值来找出基极管脚位置,也可以直接利用 hFE 挡位来测试三极管的三个管脚分别对应哪个极。若不知道插装式三极管是 NPN 型还是 PNP 型,假设先插入 NPN 一行,当改变器件管脚插入的顺序而屏幕上的数值仍显示为 0 时,则证明其是 PNP 型,此时将器件插入 PNP 一行,通过改变器件方向管脚的顺序,选择数值显示大的一组,此时即可根据对应插孔的标识读出器件管脚对应的极。

(3)蜂鸣挡。当挡位选择到蜂鸣挡时,可以通过红、黑表笔接触电路中不同的位置,判断通路是否导通。使用前先将红、黑表笔短接一下再接触电路中的测试点,蜂鸣器发出声音则证明红、黑表笔所测试器件或通路是导通状态。利用蜂鸣挡测试器件管脚或电路通路是否导通是一个非常便捷的方法。

3.2.3　示波器

我们在研究电信号传输或电信号处理的过程中,一大难点就在于怎么样去判断信号是否发生了变化,变化是什么样的,信号的幅值、频率等参数是如何变化的。示波器作为一种用途十分广泛的电子测量仪器,可以实现将无形变可视的功能,它能把肉眼看不见的电信号变换成看得见的图像,便于人们研究各种电现象的变化过程。利用示波器能观察各种不同信号幅度随时间变化的波形曲线,还可以用它测试各种不同的如电压、电流、频率、相位差、调幅度等参数。

以 RS 公司 RTM2054 型号的示波器为例,可以看出,基本类型的示波器大致可以分为三个部分:显示区、按键区、输入输出端,如图 3.9 所示。

(1)显示区:可以简单地理解为显示屏,屏幕中会显示需要测量或者读数的波形、幅值等信息,屏幕周围还有一些功能按键,可以在测试过程中通过按键调整单位、周期等因素设置。

(2)按键区:通道选择按钮,可有效减少因信道干扰带来的影响;波形选择按钮可以根据需要来选择显示方波、正弦波或其他种类的波形;波形的水平、垂直调整通常用旋钮来完成。

(3)输入输出端:端口通常与测试笔或者同轴线连接,完成输入或输出信号的选择。端口选用后一定记得要与按键区各通道按键相对应,要选择对应通道打开(简单来说就是对应通道的按钮亮起),否则显示屏上可能就无法显示出正确的信息。

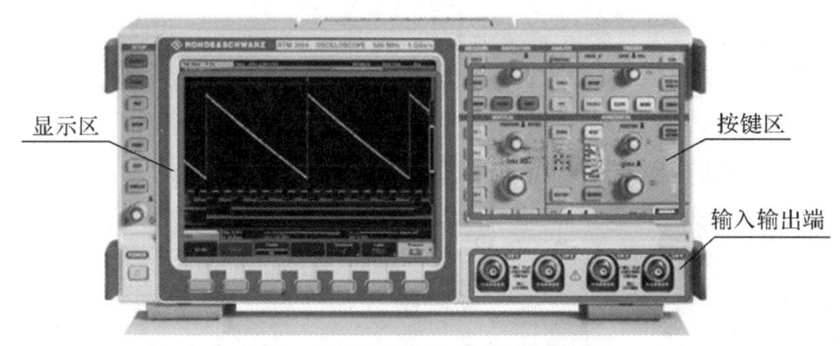

图 3.9 RTM2054 示波器界面

3.3 电子元器件

3.3.1 电阻

电阻(器)是电子产品中最基本、最常用的电子元器件之一。在电路中主要起限流、分压、分流等作用,包括可变电阻、通用电阻、电位器等。

电阻使用时需要考虑其对应的额定功率,电路图中,我们会遇到标注出额定功率的电阻符号,特殊的几种电阻符号如图 3.10 所示。假设一个 1 kΩ 的电阻在 12 V 的电压下,根据式(3.1)及式(3.2)可以分别计算出 $I=0.012$ A,$P=0.144$ W,即需要选择功率大于 0.144 W 的电阻,因此,可以看出功率是 1/8 W(0.125 W)的型号是要排除在选择范围之外的。

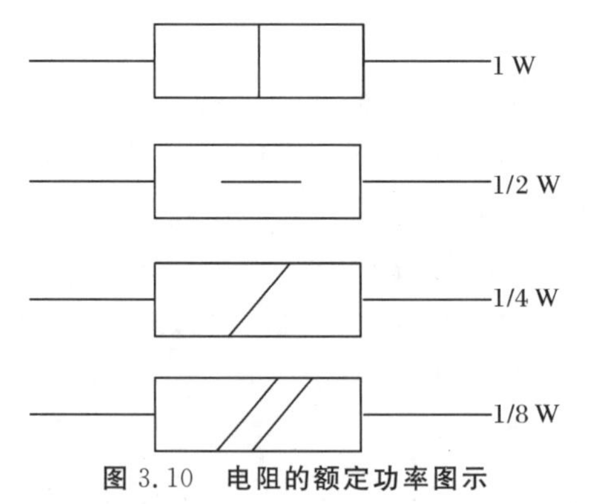

图 3.10 电阻的额定功率图示

1. 薄膜电阻

薄膜电阻一般用色环表示法来标识电阻阻值、误差等指标。常见的是碳膜电阻和金属膜电阻。这两种电阻简单的区分就是:碳膜电阻是将通过真空高温热分解的结晶碳沉积在柱形或管形的陶瓷骨架上制成的,这种电阻品质稳定性高、噪声小、成本低,一般为四环电阻;金属膜电阻是将金属或合金材料用真空加热蒸发在瓷基体上形成一层薄膜而制成的,相比碳膜电阻,它的精度更高,稳定性更强,噪声更小,温度系数更小,一般为五环电阻。

色环表示法就是在普通的电阻封装上涂上不同颜色的色环，用来区分电阻的阻值、误差值等参数，保证不管从什么方向来安装电阻，都可以清楚地读出它的阻值。

平常使用的色环表示法可以分为四环、五环和六环。其中，四环电阻前两环为有效数字，第三环表示阻值倍乘的数，最后一环为误差值；五环电阻前三环为有效数字，第四环表示阻值倍乘的数，最后一环为误差值；六环电阻前三位为有效数字，第四环表示阻值倍乘的数，第五环为误差值，最后一环为温度系数。误差通常也是用金、银和棕 3 种颜色来表示（金色表示误差为 5%，银色表示误差为 10%，棕色表示误差为 1%，很少用的绿色表示误差为 0.5%）。色环电阻标识实例如图 3.11 所示（见封二图 3.11）。

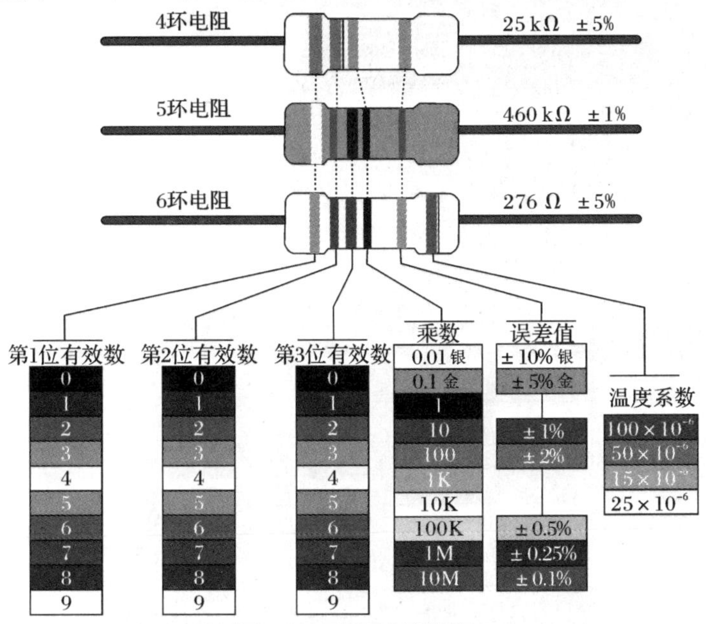

图 3.11　色环电阻标识

对于色环电阻来说，有以下 3 种较为特殊的电阻：

（1）绕线电阻。五环电阻末端的色环为黑色时，表示该电阻是一个绕线电阻，按照四环电阻的读法识别其电阻值，如图 3.12 所示（见封二图 3.12），该电阻是 1.5 Ω±5% 的绕线电阻。

图 3.12　绕线电阻

(2) 熔断电阻。五环电阻末端的色环为白色时,表示该电阻是一个熔断电阻(也被称为保险丝电阻),按照四环电阻的读法识别其电阻值,如图 3.13 所示(见封二图 3.13)。

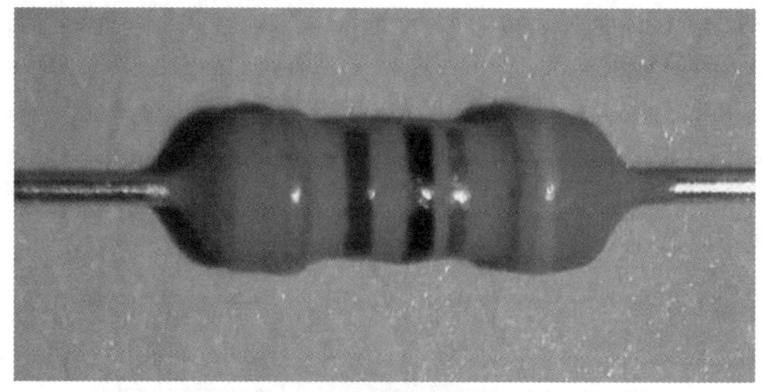

图 3.13　熔断电阻

(3)0 Ω 电阻。色环电阻通体只有一个黑色色环时,表示该电阻是一个 0 Ω 电阻,如图 3.14 所示。此类电阻也被称为跨接电阻,实际上,其电阻值并不为零,只是阻值非常小,在电路中经常被用来代替跨线连接。

图 3.14　0 Ω 电阻

2. 贴片电阻

贴片电阻如图 3.15 所示,因为其产品体积小、质量轻、器件可靠性高,常用于 SMT 工艺。贴片电阻通常采用的是数码表示法,这里以三位和四位表示方法为例进行说明(三位表示法的精度一般是±5%,四位表示法的精度一般是±1%)。三位表示法是用 3 个数字来表示电阻的阻值,从左至右,前两位代表有效数字,第三位代表乘数,即用 10^n 来表示电阻的阻值;四位表示法则是用 4 个数字来表示电阻的阻值,从左至右,前三位代表有效数字,第四位代表乘数(乘数含义同三位表示法)。当出现字母 R 时(此方法被称为文字符号法,是为了解决印刷过程中小数点不清楚的情况),可简单理解为 R 代表小数点,R 在哪,小数点就在哪,如下式所示。

$$000 = 0\ \Omega,\ 101 = 100\ \Omega,\ 1000 = 100\ \Omega,$$
$$3R60 = 3.6\ \Omega,\ 3R6 = 3.6\ \Omega \tag{3.3}$$

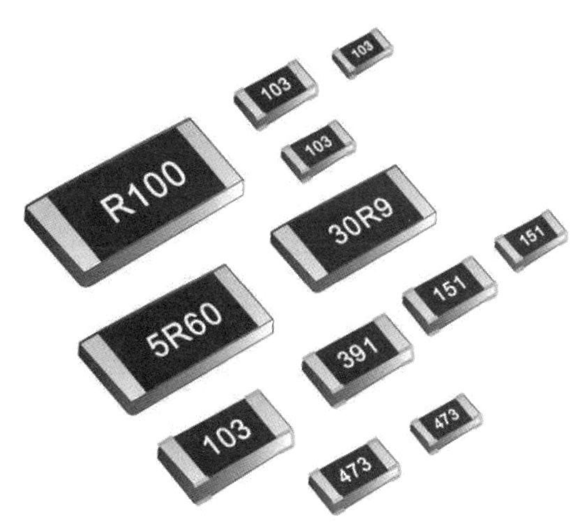

图3.15　贴片电阻

3. 光敏电阻

光敏电阻一般是用硫化镉或硒化镉等半导体材料制成的特殊电阻器，其工作原理是基于内光电效应[在光线作用下，物体的导电性能会改变的现象被称为“内光电效应”；在光线作用下，能使电子从物体表面逸出的现象被称为“外光电效应”。光生伏特效应(photovoltaic effect)是指半导体在受到光照射时产生电动势的现象]。光敏电阻对光线十分敏感，其在无光照时，呈高阻状态，电阻值可能会达到1 MΩ，甚至更高。光照愈强，阻值就愈低。随着光照强度的升高，电阻阻值迅速降低，电阻值可小至1 kΩ以下。光敏电阻的特殊性能，随着科技的发展将应用在生活的方方面面。Arduino中，我们会经常使用到光敏传感器(见图3.16)，其中起作用的就是光敏电阻。

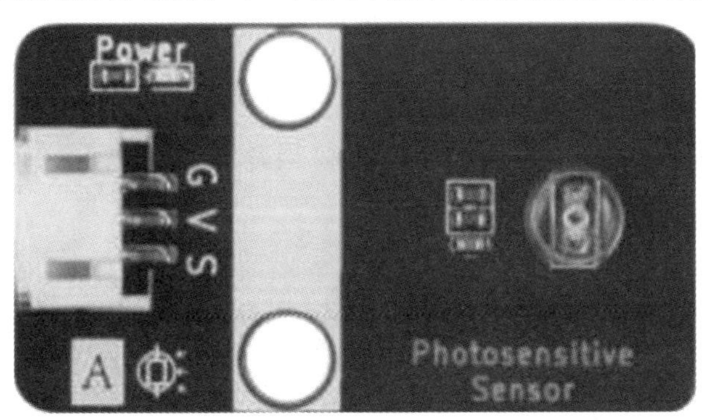

图3.16　光敏传感器

3.3.2　电容

电容(器)是一种可储存电能的元件。电容器是由两个极构成的，具有存储电荷的功能，在电路中常用于滤波、与电感器构成谐振电路、作为交流信号的传输元件等。在电路中，我们还会见到电容电感构成的衰减网络，常见的有T形衰减与π形衰减。

常见的电容器有固定电容器、微调电容器、可变电容器等。

固定电容一般有两根引脚，普通固定电容的两根引脚不区分正负极(电解电容除外)；常见外形形状有圆柱、片状等；一般在器件外封装上会用直标法或数码法(当使用数码法表示容值时，要额外注意 n 代表0～8的任意一个数字，但当 $n=9$ 时，表示 10^{-1}，其单位是pF)标注出电容的大小。下面主要介绍固定电容中的电解电容和贴片电容。

1. 电解电容

电解电容是一种管脚需要区分正负极的固定电容器，两个引脚一长一短，长管脚代表正极，短管脚代表负极，这也就是我们常说的“长正短负”。

有极性的电解电容基本结构是浸在电解液中两个极板，从极板上引出正、负管脚。因此，在使用时要注意正负管脚的区分，否则不仅不能正常工作，还可能会引起爆炸。

电解电容一般用直标法表示，即用数字和单位符号直接地标称电阻值并标示在电容器上。例如，电容器上标识“10 μF 16 V”就表示该电解电容的电容量为10 μF，额定电压为16 V，如图3.17所示。

图3.17　直标法表示的电解电容

2. 贴片电容

贴片电容如图3.18所示，使用最多的是多层片状陶瓷电容，其结构少数为单层结构，大多数为多层叠层结构。

图3.18　贴片电容

贴片电容多层片状结构如图3.19所示，其结构是由印好电极(内电极)的陶瓷介质膜片以错位的方式叠合起来，经过一次性高温烧结形成陶瓷芯片，再在芯片的两端封上金属层(外电极)。

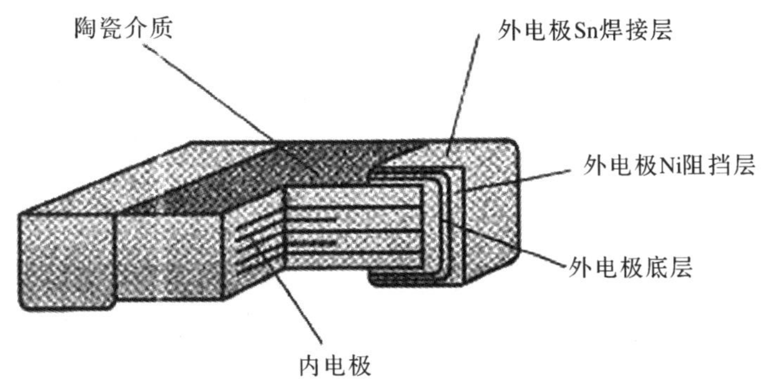

图 3.19　贴片电容多层片状结构

这里以 Arduino 模块中的一个触摸开关为例，如图 3.20(a)所示，这是一个基于触摸检测 IC(TTP223B)的电容式点动型触摸模块，示意图如图 3.20(b)所示，当模块的金属触片被触摸时，电容值被改变，相当于电路中按键被按下。当模块被触摸时，输出高电平，否则，输出低电平。

日常生活中，我们使用的一些触屏产品，大多采用的是电容式触摸屏。电容式触摸屏不依靠压力来感应，而是通过感应人体皮肤的微弱电流，从而来感应触碰的操作。读者可以思考下，当戴手套去操作的时候，电容屏还能识别出来吗？当手潮湿的情况下，电容屏能识别吗？

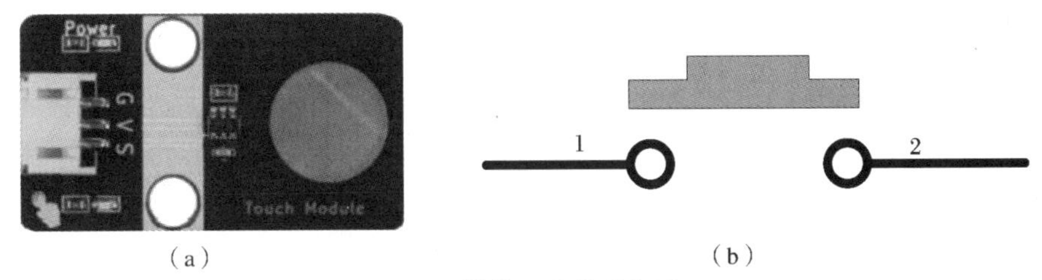

(a)　(b)

图 3.20　触摸开关外观与图示

3.3.3　电感

电感(器)是一种利用线圈产生的磁场阻碍电流变化，通直流、阻交流的元器件。在电子产品中，电感主要用于分频、滤波、谐振和磁偏转等。

电感器常通过线圈中间有无铁芯或者磁芯来分类，常见的无磁芯的形式如空心线圈(高频线圈)，如图 3.21(a)所示，常见的有磁芯的形式如在超外差式收音机中的 AM 天线，实际上就是一个磁棒线圈，如图 3.21(b)所示。当然，除了我们能看到的绕线形式，在 SMT 工艺中使用更多的是贴片电感，其形状同贴片电阻、贴片电容一样，都是类似长方体的形状。

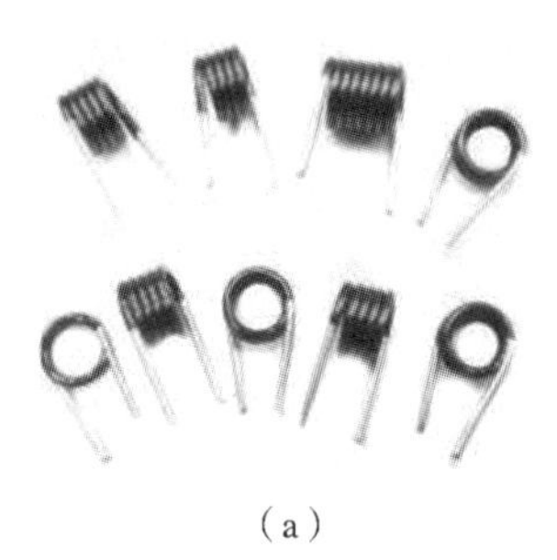

(a)

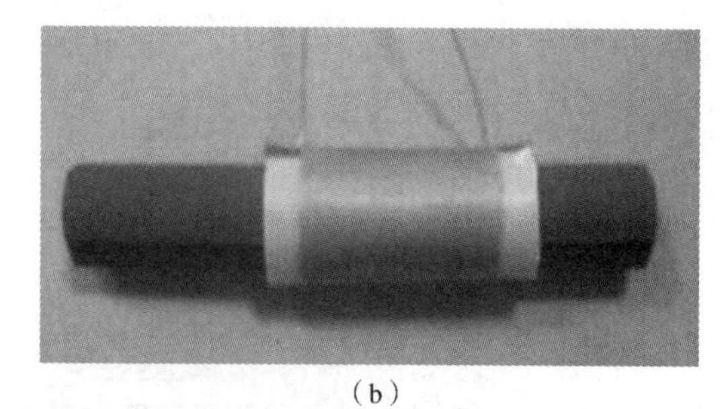

(b)

图 3.21　空心线圈与磁棒线圈

(a)空心线圈;(b)磁棒线圈

电感器的封装方式同电阻、电容中使用的直标法、色标法、数码法相同,需要注意的是在用色标法表示电感时,其单位是 μH。

3.4　Arduino Uno 主板

这里以 BLE-UNO 为例(见图 3.22),其技术规格和参数说明如下。

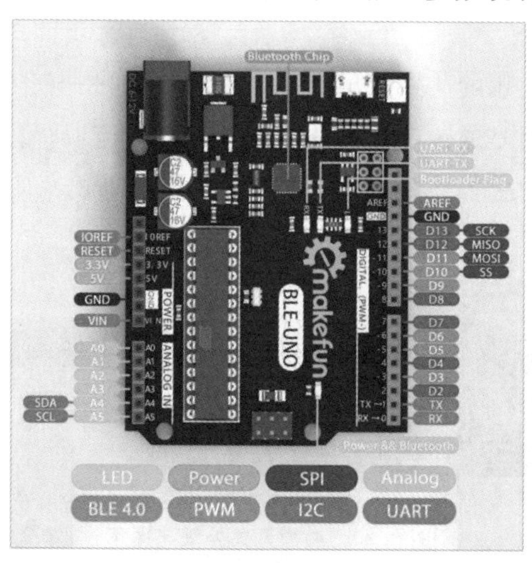

图 3.22　BLE - UNO

(1)主板技术规格。

1)BLE 芯片:TI CC2540。

2)工作频道:2.4 GHz。

3)传输距离:空旷距离 50 m。

4)支持 AT 指令配置 BLE。

5)支持 USB 虚拟串口、硬件串口、BLE 三向透传。

6)支持主从机切换。

7)主机模式下支持蓝牙自动连接从机。

8)支持超过 20 B 发送。

9)接口:Micro - USB。

10)输入电压:USB 供电,Vin 接 6～12 V。

11)微处理器:ATmega328PU。

12)Bootloader:Arduino1.8.8。

13)引脚:两排 2.54 mm - 15 Pin。

14)尺寸: 68.6 mm × 53.4 mm × 12 mm。

15)质量: 25 g。

(2)参数说明。

1)ON:电源指示灯,当 Arduino BLE - UNO 通电时,ON 灯会点亮。

2)Link:蓝牙和电源指示灯,供电后蓝灯闪烁,当蓝牙未连接时蓝色灯光闪烁,连接后蓝色灯常亮。

3)L:橙色灯为 Bootloader 识别指示灯,当通过 USB 连接电脑后,端口识别到板子的时候,该 LED 灯会快速闪烁。该 LED 灯通过特殊电路连接到 13 号引脚,当 13 号引脚为高电平或高阻态时,该 LED 灯会点亮;低电平时,不会点亮。可以通过程序或者外部输入信号,控制该 LED 灯亮/灭。

(注:当 USB 数据线连接成功时,Link 蓝色 LED 灯闪烁,并且 L 标识的橙色灯会闪烁数次。若连上 USB 后,只有 Link 蓝色 LED 灯闪烁,但是 L 标识的橙色灯没有反应,代表这根 Micro - USB 数据线是坏的,需更换。)

4)RX:LED 灯为串口接收指示灯,当串口接收到数据时,LED 灯会闪烁。

5)TX:LED 灯为串口发送指示灯,当串口发送数据时,LED 灯会闪烁。

6)Serial:0(RX)、1(TX),被用于接收和发送串口数据。这两个引脚通过连接到 ATmega16u2 芯片来与计算机进行串口通信。

7)外部中断:2、3,可以输入外部中断信号。中断有 4 种触发模式:低电平触发、电平改变触发、上升沿触发、下降沿触发。

8)PWM 输出:3、5、6、9、10、11(板上标有"-"丝印),可用于输出 8 bit PWM 波。对应 analogWrite()函数。

9)SPI:10(SS)、11(MOSI)、12(MISO)、13(SCK),可用于 SPI 通信。

10)L-LED:13 号引脚连接了一个 LED,当引脚输出高电平时打开 LED,当引脚输出低电平时关闭 LED。

11)TWI:A4(SDA)、A5(SCL)和 TWI 接口,可用于 TWI 通信,兼容 I^2C 通信。Arduino Uno 6 个模拟输入引脚,可使用 analogRead()读取模拟值。每个模拟输入都有 10 位分辨率(即 1024 个不同的值)。默认情况下,模拟输入电压范围为 0～5 V,可使用

AREF 引 analog_Reference()函数设置其他参考电压。

12)AREF:模拟输入参考电压输入引脚。

13)RESET:复位端口。复位按键按下时,会使该端口接到低电平,从而让 Arduino 复位。

14)VIN:电源输入引脚。当使用外部电源通过 DC 电源座供电时,这个引脚可以输出电源电压。

15)5 V:5 V 电源引脚。使用 USB 供电时,直接输出 USB 提供的 5 V 电压;使用外部电源供电时,输出稳压后的 5 V 电压。

16)3.3 V:3.3 V 电源引脚。最大输出能力为 50 mA。

17)GND:接地引脚。

18)IOREF:I/O 参考电压。其他设备可通过该引脚识别开发板 I/O 参考电压。

全翼式布局太阳能无人机

2016 年,西北工业大学“魅影”太阳能 Wi-Fi 无人机横空出世,如图 3.23 所示,它是由西北工业大学特种无人飞行器研究所的魅影团队基于真实应用环境和行业需求研制开发的。

这款机型的亮点是将太阳能、无人机、无线路由器 3 个社会热点相结合,采用太阳能为自供给能源,太阳能无人机为持久留空平台,与 Wi-Fi 技术相结合,构建空中基站,通过单机或者多机基站进行区域覆盖,形成灵活的移动互联网空中宽带通信基础设施。

这架无人机机长 1.2 m,翼展 7 m,质量仅为 15 kg 左右,有效任务载荷为 1~5 kg,续航时间为 12~24 h,巡航高度为 500~3 000 m,实用升限为 9 000 m,抗风能力为 7 级,Wi-Fi 信号覆盖范围为 300 km^2。

图 3.23 全翼式布局太阳能无人机

▶二十大金句与思考

二十大报告指出，要加快实施创新驱动发展战略，其中特别提到要加强基础研究，突出原创，鼓励自由探索。科技创新是高质量发展的重要内核，也是建设社会主义现代化强国的关键支撑。对于基础研究和原创科技的至关重要性，无论怎么强调都不为过。尤其是在全球新一代科技竞争白热化的时代背景下，我国在芯片等关键核心技术领域面临“卡脖子”问题。因此，亟待发挥基础研究的原创力，为科技创新和高质量发展提供有力支撑。

要增强创新自信，坚定不移走中国特色自主创新道路，发扬敢于斗争、敢于胜利的精神，增强自主创新的志气和骨气。

第4章　Arduino 基本扩展模块

4.1　直流电动机控制

在制作轮式机器人时，最简单的结构设计为一个底板、两个直流电动机、两个橡胶轮和一个牛眼万向轮的三轮结构，如图 4.1 所示。轮子部位的设计还可以为履带轮结构、多足仿生结构等，如图 4.2 所示。

图 4.1　三轮结构

(a)　　(b)

图 4.2　其他结构

(a)履带轮结构；(b) 多足仿生结构

这些结构的核心部件均为直流电动机，它是控制轮式机器人运动的关键。下面将详细介绍直流电动机的工作原理及控制程序。

4.1.1　直流电动机简介

直流电动机是将直流电能转换为机械能的装置，常用来控制轮式机器人的运动。

直流电动机包含范围广、类型繁多，需要依据不同的应用场景，选择合适的电动机。按照功能类型分为普通直流电动机、步进电动机和舵机；按照励磁方式分为永磁电动机、他励电动机和自励电动机；按照有无刷分为有刷直流电动机和无刷直流电动机。

普通直流电动机（见图 4.3）是按照电动机直径尺寸命名的，如直径为 26 mm 的命名为 260 电动机，直径为 54 mm 的命名为 540 电动机，电动机直径越大，扭力越强。它具有成本低、结构简单、起动特性和调整特性良好以及速度调节性良好等优点。可以在一定的负载下，人为地去改变直流电动机的转速，也可以在负载很大的情况下，较好地实现平滑、均匀的无级调速，并且可调节的速度范围和启动力矩较大。因此，常在大型轧钢机、精密车床、电力机车、电车等设备上选用直流电动机来带动机械负载。

步进电动机（见图 4.4）是一种将电脉冲信号转换成相应角位移或线位移的电动机。一个脉冲信号可控制转子转动一个角度或前进一步，即角位移或线位移与脉冲数成正比，转速与脉冲频率成正比。因此，步进电动机又称脉冲电动机，具有很好的数控制特性。

图 4.3　**普通直流电动机**

图 4.4　**步进电动机**

励磁方式，即电机中产生磁场的方式，永久磁铁可产生，电磁铁在线圈中通电也可产生。直流电动机的励磁方式一般为并励式、串励式和复励式。并励式为励磁绕组与电枢绕组相并联，串励式为励磁绕组与电枢绕组相串联，复励式则同时具有并励和串励两个励磁绕组。其中，励磁绕组是为产生磁场而设置的线圈组；电枢绕组由一定数目的电枢线圈按一定的规律连接组成，它是直流电动机的电路部分，也是感生电动势、产生电磁转矩、进行机电能量转换的部分。

有刷直流电动机和无刷直流电动机（见图 4.5）的定子和转子是相反的。定子和转子是直流电动机的两大组成部分，有刷直流电动机（普通直流电动机）的定子为电机运动时静止不动的部分，用于产生磁场，包括机座、主磁极、换向极和电刷等装置；转子为剩下可运动的部分，用于产生电磁转矩，包括电枢铁芯、电枢绕组、换向器、轴和风扇等。无刷直流电动机反之，其转子为永久磁铁，产生气隙磁通；定子为电枢，由多相绕组组成。在结构上，无刷直流电动机与永磁同步电动机类似。

本书选用如图 4.6 所示的有刷直流电动机（永磁铁型）来实现轮子的运动控制。由于装配机器人所选用的直流电动机尺寸小，所产生的扭力也小，但转速很高，因此需要添加减速装置，从而降低转速并增大力矩。这种电动机也称为减速电动机，分为单轴输出和双轴输出（见图 4.6）两类，常用于智能车、微型机器人等的驱动部分。

图 4.5　无刷直流电动机

图 4.6　双轴减速电动机

4.1.2　直流电动机工作原理

最简单的直流电机内部结构如图 4.7 所示，内部存在一对固定磁极 N 和 S，其材料为永磁铁。磁极中间放入一个可旋转的电枢线圈，两端分别连接一个半圆铜片，两铜片之间相互绝缘，组成换向器，铜片为换向片。每个换向片上都被安置了一个电刷（电刷 A 和电刷 B），两电刷固定不动，可在换向片上滑动。当两个电刷分别接入电源正、负极时，电流通过换向器进入电枢线圈，形成闭合回路；再受到磁场作用产生安培力（电磁力），电枢线圈旋转，通过级联齿轮等传递结构，带动外部轮子运动。

如图 4.8(a)所示，电刷 A 接入电源正极，电刷 B 接入电源负极，电枢线圈电流流向为 $a \to b \to c \to d$，磁场方向为 N→S。利用左手定则可判断出，导线 ab 受到向左的安培力（电磁力），导线 cd 受到向右的安培力（电磁力），此时安培力（电磁力）形成逆时针方向的电磁转矩，当电磁转矩大于阻转矩时，电机中的转子逆时针转动。

当电枢线圈旋转至图 4.8(b)的位置时，换向器也跟随旋转交换了，导线 cd 所连接的换向片接入电刷 A，为正极，电流流向变为 $d \to c$；而导线 ab 所连接的换向片接入电刷 B，为负极，电流流向变为 $b \to a$。虽然各导线段的电流方向反向了，但从整体上看，电流方向一直是从上至下的流动，受到的安培力（电磁力）所形成的电磁转矩依旧为逆时针方向。从而可知，利用换向器将接入的直流电流在电枢线圈中改变为交流电流，可保证所产生的磁转矩方向不变，使得转子带动外接轮子可朝一个方向连续运动。若想改变轮子运动方向，即改变磁转矩方向，需要改变安培力（电磁力）受力方向。由于磁场固定，则需将电刷 A 和电刷 B 所接入的正、负极互换，使得电流反向流动。根据左手定则再次判断，可得安培力（电磁力）方向改变，从而实现换向运动。

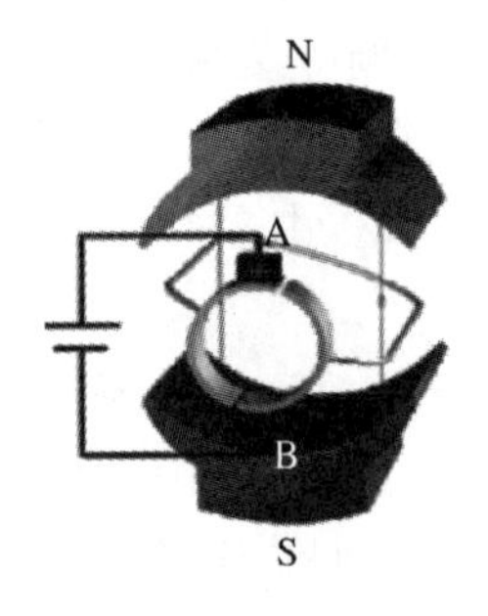

图 4.7　直流电机内部结构

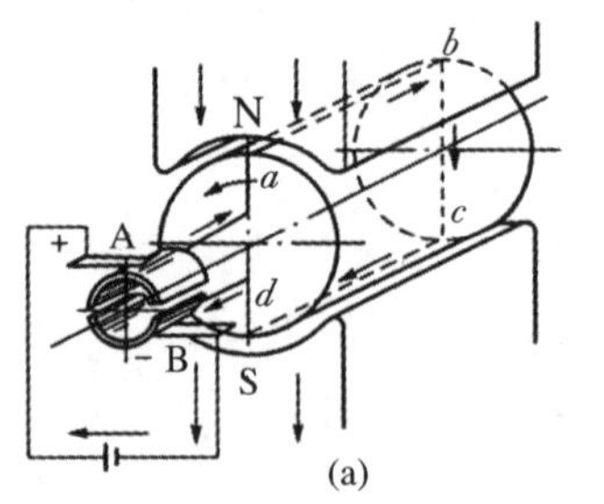

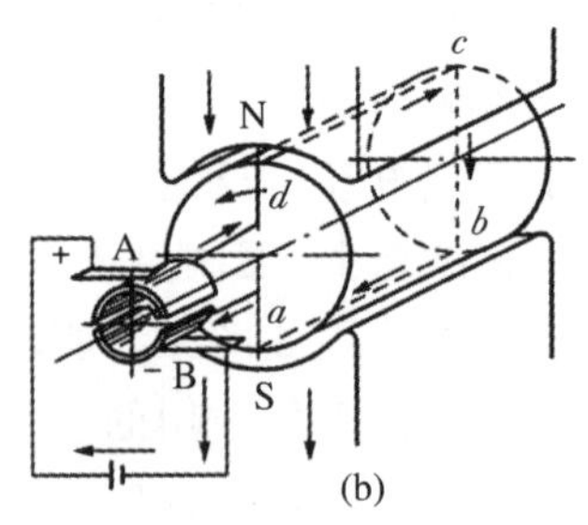

图 4.8　直流电机原理图

在实际的直流电机中，为保证电机匀速旋转，即保证电磁转矩大且均匀，电枢铁芯上安装的漆包线所绕成的电枢线圈并非一圈，且磁极也并非只有一对，而是在其上均匀地布满多组电枢线圈、换向片和磁极，如图 4.9 所示。

图 4.9　有刷直流电机转子

4.1.3　直流电动机控制电路——H 桥电路

常用的直流电机控制电路为 H 桥电路，由于其电路形状与字母 H 相似而得名。H 桥电路是由 4 个三极管(或场效应管)和 1 个电机组成，如图 4.10 所示。若要实现电机转动，则需要导通对角线上的三极管(或场效应管)。通过图 4.10 分析可得，对角线成两路，第一路为 Q_1→电机→Q_4，经过电机的电流方向为从左往右；第二路为 Q_3→电机→Q_2，经过电机的电流方向为从右往左。由 4.1.2 节可知，改变电流方向可以改变电机旋转方向，从而控制 H 桥的导通路线，进而可以实现电机转动方向的控制。

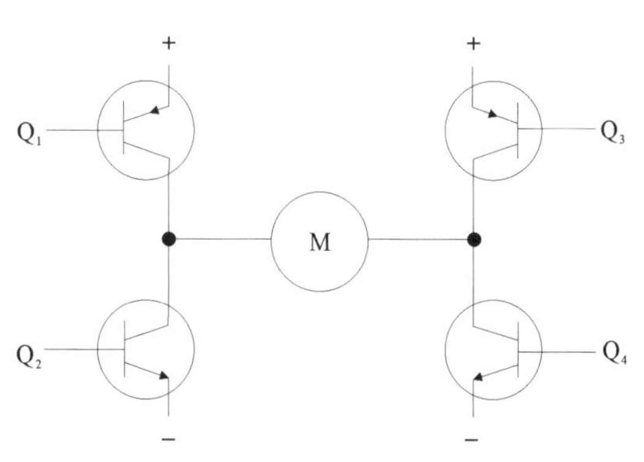

图 4.10　H 桥电路示意图

在实际使用中，用分立元器件制作 H 桥控制电路是比较麻烦的，还需要加入保护电路，否则易烧坏元器件。因此，可以选用封装好的 H 桥集成电路，该电路使用便捷，可直接接入电源，设定控制信号即可。市场上常见的 H 桥集成电路有 L293D、L293DD、L298P、L298N、TA7257P、SN754410 等。下面以 L298(见图 4.11)为例进行详细介绍。

(a)　　(b)

图 4.11　H 桥集成电路 L298

(a)L298P 驱动器;(b)L298N 驱动器

(1)L298P 驱动器。L298P Shield 直流电机驱动器采用 ST 公司的典型双 H 桥直流电机驱动芯片,如图 4.11(a)所示,可直接驱动 2 个直流电机,驱动电流可达 2 A。电机输出端(引脚 4、5、16、17)连接 8 只高速肖特基二极管,主要是为电感性负载(如电机线圈等)续流通路,可有效保护芯片。二级管常采用 1N5819,大电流时采用 1N5822,贴片采用 SS40 等。该驱动器采用贴片元件,具有体积小、质量轻、驱动能力强、控制方便等优点,可直接插装到 Arduino 控制板上。

图 4.12 为 L298P 芯片引脚示意图,其引脚性能及技术参数为:

1)引脚 4、5、16、17(OUT 1、2、3、4)为电机的输出接口,分别对应电机 A 与电机 B 的正、负极。

2)引脚 6(V_S)为 L298P 的电源口。

3)驱动部分输入电压 V_S:V_{in}输入 6.5～12 V,PWRIN 输入 4.8～24 V;逻辑部分输入电压 V_D 为 5 V。逻辑部分工作电流 I_{SS}为 0～36 mA,驱动部分工作电流 I_O为 0～2 A。控制信号输入电平:高电平为 2.3 V$\leqslant V_{in}\leqslant$5 V,低电平为$-$0.3 V$\leqslant V_{in}\leqslant$1.5 V。

4)引脚 7、9、13、15(INPUT 1、2、3、4)为电机 A 与电机 B 的方向逻辑控制引脚,实现电机正反转和刹停。

5)引脚 8、14(ENABLE A、ENABLE B)为电机的使能引脚,即 PWM 输入引脚,可将它接入 Arduino 的 PWM 控制引脚上,实现速度调控,若不需要调速功能,则直接接入 5 V 或 3.3 V 即可。

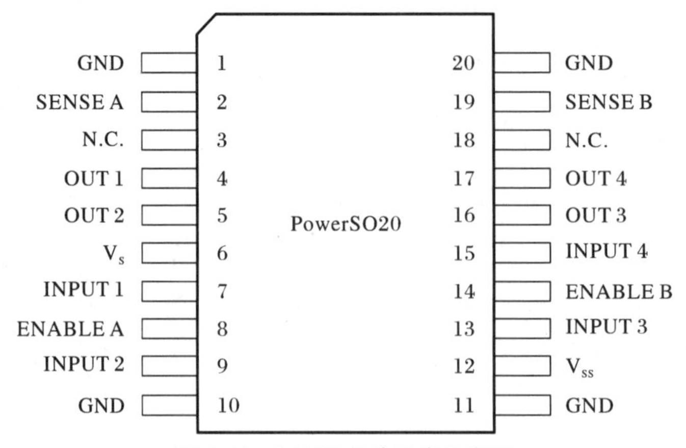

图 4.12　L298P **芯片引脚示意图**

L298P 驱动器是可直接插装到 Arduino 上的，如图 4.13 所示，其内部设计了逻辑电路，如图 4.14 所示，该逻辑电路是将两组 INPUT 引脚(引脚 7、9、13、15)合并，减少 Arduino 的控制端口数量，使得控制更简便。选用 Arduino 的数字引脚，如 D12、D13，分别控制 2 个直流电机的正反转；同时利用 PWM 输出端口，如 D10、D11，实现电机速度的控制。

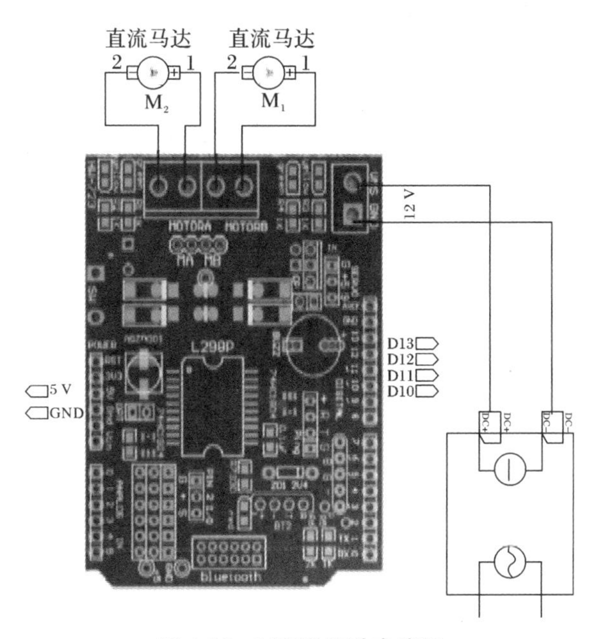

图 4.13　L298P 驱动电路图

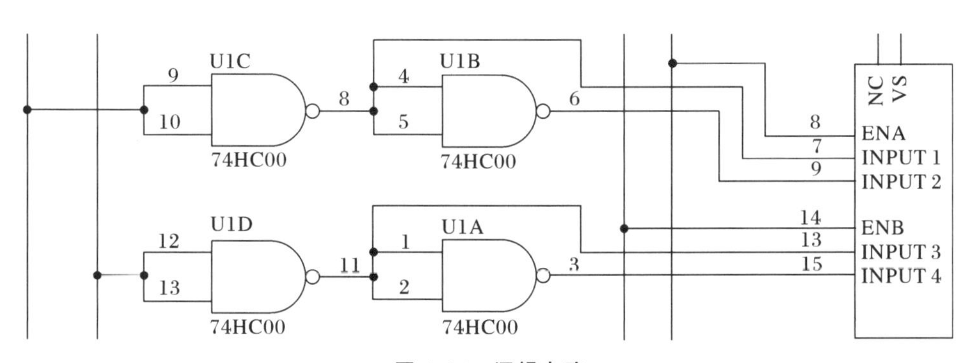

图 4.14　逻辑电路

(2)L298N 驱动器。L298N 芯片是 L298 的立式封装，是一款可接受高电压、大电流双路全桥式电机驱动的芯片，如图 4.15 所示，其工作电压可达 46 V，输出电流最高可至 4 A，并且具有过热自断和反馈检测功能。采用 Multiwatt 15 脚封装，接受标准 TTL 逻辑电平信号，具有两个使能控制端。在不受输入信号影响的情况下，通过板载跳帽插拔的方式,动态调整电路运作方式。此驱动器有一个逻辑电源输入端,通过内置的稳压芯片 78MO5,使内部逻辑电路部分在低电压下工作,也可以对外输出逻辑电压 5 V。为了避免稳压芯片损坏,当使用大于 12 V 的驱动电压时,务必使用外置的 5 V 接口独立供电。

图 4.15 L298N 芯片实物图

如图 4.11(b)所示的 L298N 驱动器,可直接对直流电机和步进电机进行驱动控制,且一个驱动芯片可同时控制两个直流减速电机。通过主控芯片的 I/O 输入对其控制电平进行设定,就可实现电机的正反转运动。该驱动器操作简单、稳定性好,可以满足直流电机的大电流驱动条件。

当 L298N 驱动两个直流减速电机时,如图 4.16 所示,引脚 2、3、13、14(OUTPUT1、2、3、4)为电机的输出接口,分别连接电机 A 与电机 B 的正、负极;引脚 5、7、10、12(INPUT 1、2、3、4)为输入逻辑控制电平,控制电机正反转和刹停;引脚 6、11(ENABLE A、ENABLE B)为控制使能端,即 PWM 输入引脚,实现电机转速调控。其他引脚功能如表 4.1 所示。

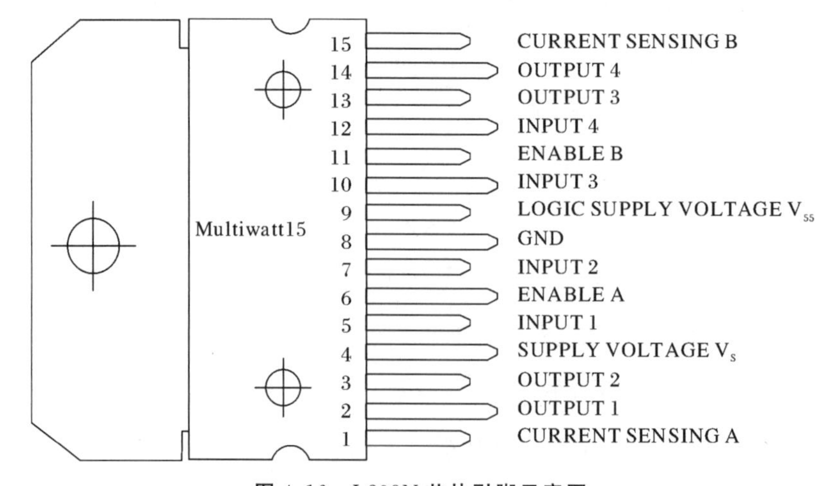

图 4.16 L298N 芯片引脚示意图

表 4.1　L298N 芯片引脚编号与功能

引脚编号	名 称	功　能
1	电流传感器 A	输出电流反馈引脚，通常直接接地
2	输出引脚 1	内置驱动器 A 的输出端 1，连接电机 A
3	输出引脚 2	内置驱动器 A 的输出端 2，连接电机 A
4	电机电源端	电机供电输入端，电压可达 46 V
5	输入引脚 1	内置驱动器 A 的逻辑控制输入端 1
6	使能端 A	内置驱动器 A 的使能端
7	输入引脚 2	内置驱动器 A 的逻辑控制输入端 2
8	逻辑地	电线接地端
9	逻辑电源端	逻辑控制电路的电源输入端，电压为 5 V
10	输入引脚 3	内置驱动器 B 的逻辑控制输入端 1
11	使能端 B	内置驱动器 B 的使能端
12	输入引脚 4	内置驱动器 B 的逻辑控制输入端 2
13	输出引脚 3	内置驱动器 B 的输出端 1，连接电机 B
14	输出引脚 4	内置驱动器 B 的输出端 2，连接电机 B
15	电流传感器 B	输出电流反馈引脚，通常直接接地

当使用 Arduino 控制 L298N 驱动器时，电路原理图如图 4.17 所示。选用 Arduino 的数字引脚，如 D3、D4、D7、D8，分别控制 2 个直流电机的正反转；利用 PWM 输出端口，如 D9、D10，实现电机速度的控制。同 L298P 一样，连接电机的输入引脚(引脚 2、3、13、14)上接入 8 只高速肖特基二极管，对芯片进行保护。

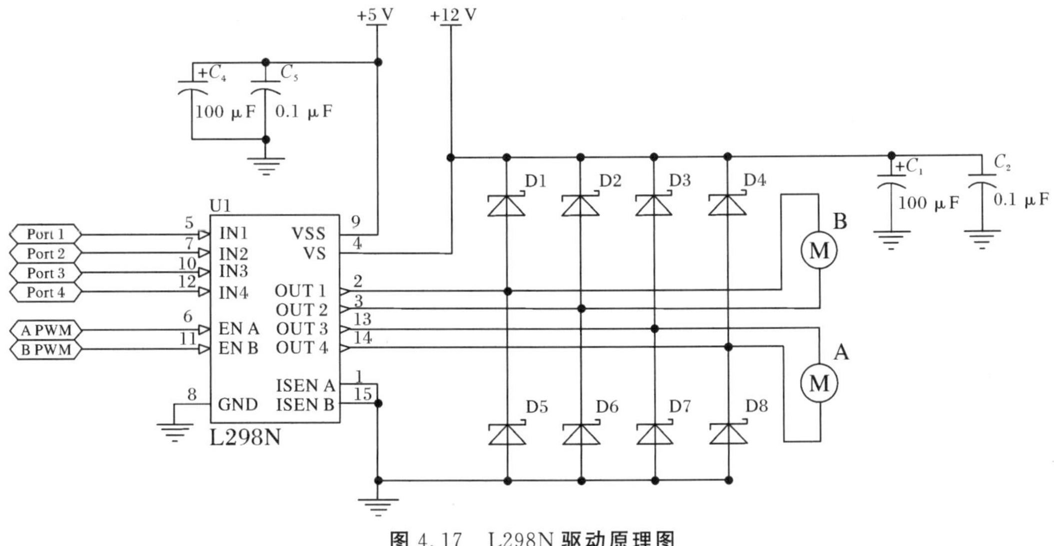

图 4.17　L298N 驱动原理图

4.1.4 PWM 速度控制原理

由直流电机控制原理已知，给两个电刷接入正负极，形成电压差，产生电流，即可控制轮子转动，而不同的电压差，相应产生不同大小的电流，在磁场中受到的安培力大小也就不同，形成的电磁转矩也会出现差异，从而实现轮子速度的控制。在 4.1.3 节的驱动器介绍中，L298 芯片上存在两个速度控制针脚 ENABLE A 和 ENABLE B，控制使能端，也就是在这两个针脚上输入 PWM 来实现速度控制。

PWM 是利用微处理器的数字信号对模拟电路进行控制的技术，也就是通过采用高分辨率计数器，利用方波占空比被调制的方法对一个具体模拟信号的电平进行编码。简单来说就是将恒定的直流电源电压（0 V 或 5 V 的数字电压）调制成频率一定、宽度（时长）可变的脉冲电压序列，从而改变平均电压值来实现电机速度控制。

占空比是指在一个脉冲循环内，通电时长占总时长的比例。图 4.18 所示为三个周期的方波脉冲，每个周期时长为 10 ms，即频率为 100 Hz。第一个周期的方波占空比是 40%，第二个周期的方波占空比是 60%，第三个周期的方波占空比是 80%。

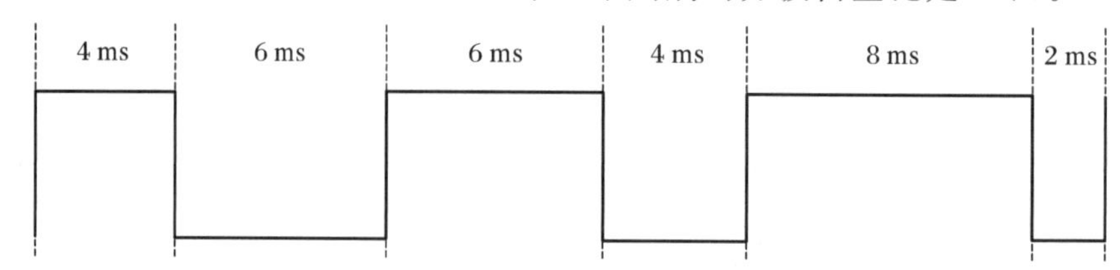

图 4.18 三个周期的方波脉冲

Arduino Uno 所采用的 AVR Mega328 芯片上设计有 6 路 8 位的 PWM 输出端口（PWM 取值范围为 0～255），引脚为 D3、D5、D6、D9、D10、D11（在硬件引脚的数字前有“～”标注）。在设计程序时，使用 anologWrite() 函数就可实现模拟控制。

在数字电路中，只有 1 和 0（高、低电平）两种状态，1 或高电平为电路导通，0 或低电平为电路断路。以 LED 灯亮与灭为例，可采用两种方法解释 PWM 对亮度的调控，轮子的转速调控同理。

（1）第一种方法是利用视觉感官。当人眼观察超过 60 Hz 的闪动时，基本上感觉不出闪动变化，这是因为人眼在观察景物时，光信号传入大脑神经，需经过一段短暂的时间，光的作用结束后，视觉形象并不立即消失，但下一次闪动又出现了，眼睛捕捉当前的状态会与前一瞬影像叠加，使得视觉上是连续无闪动的，即视觉暂留现象。

按照图 4.19 的方式搭建电路，LED 灯的负极引脚接入 Arduino 的 GND 端口，LED 灯的正极引脚接入 Arduino 的 D10 端口，当 D10＝1 时，LED 灯长亮，当 D10＝0 时，LED 灯熄灭。若给 LED 灯以周期较长的方波脉冲的方式供电，LED 灯会亮和灭间隔运行，呈闪烁状态。如果把这个闪烁周期不断减小到肉眼分辨不出时，观察到的 LED 灯是常亮的，但没有 D10＝1 时亮度高；继续不断改变占空比，亮度会不断变化。图4.20

所示(见封三图 4.20)是按照图 4.18 的 3 种占空比对 LED 灯亮度进行控制的对比图。

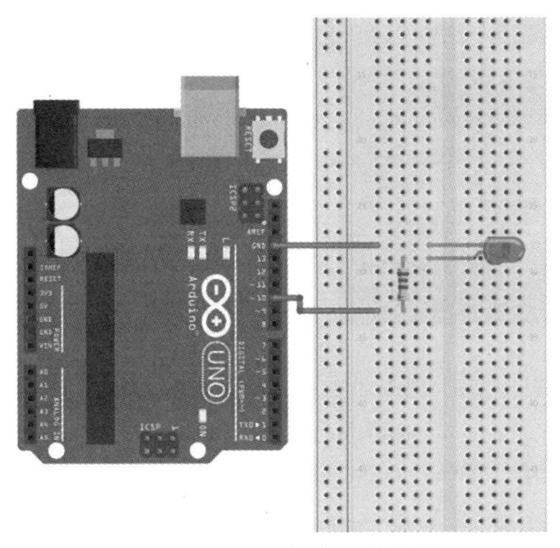

图 4.19　LED 灯电路实物图

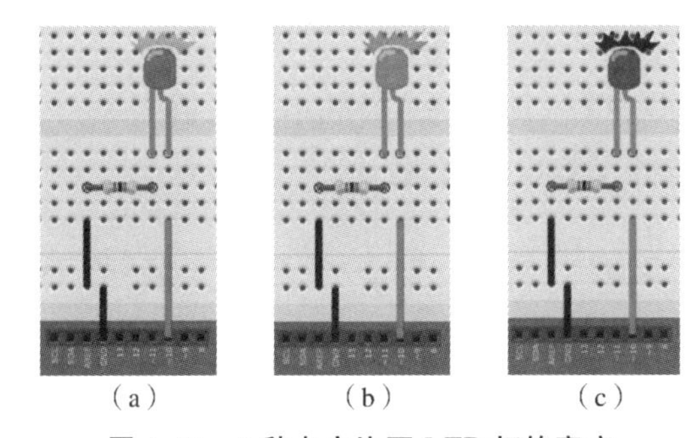

(a)　(b)　(c)

图 4.20　3 种占空比下 LED 灯的亮度

(a)40%占空比;(b)60%占空比;(c)80%占空比

日常生活中,用手机在日光灯下拍照或拍摄电脑屏幕时,照片中会出现亮暗闪动的栅格,这种现象称为频闪,如图 4.21 所示。若调节其亮度,亮暗栅格宽度会发生变化,其原理即为 PWM 调光。

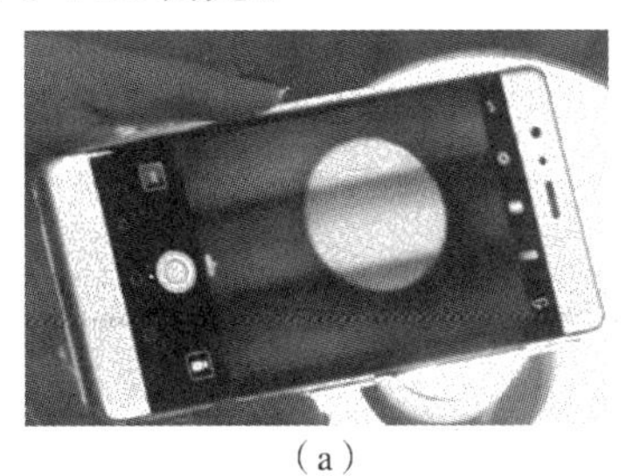

(a)

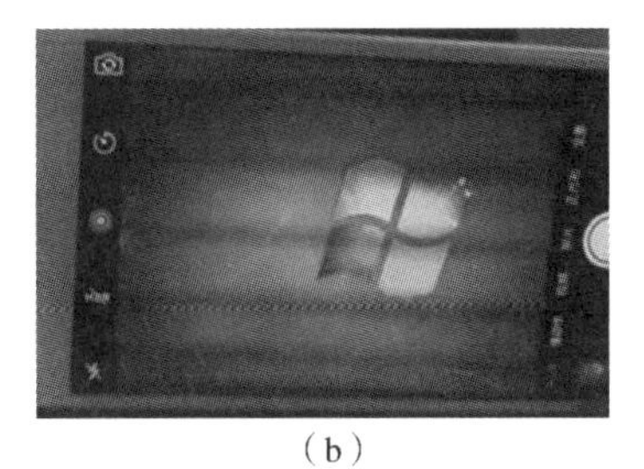

(b)

图 4.21　频闪

(a)日光灯频闪;(b)电脑频闪

目前所知,最早的视觉暂留运用是我国宋朝时期的走马灯,当时称为“马骑灯”,如图 4.22(a)所示。随后法国人保罗·罗盖在 1828 年发明了留影盘,如图 4.22(b)所示,它是一个被绳子在两面穿过的圆盘,盘的一个面画了一只鸟,另一面画了一个空笼子。在圆盘旋转的过程中,当有小鸟的画面消失后,人眼仍能在一定时间内保留其影像,而由于视觉暂留的作用，小鸟的画面还没有完全消失，鸟笼的画面又出现了，因此在旋转的过程中，看起来就像鸟在笼子里出现了。

(a)

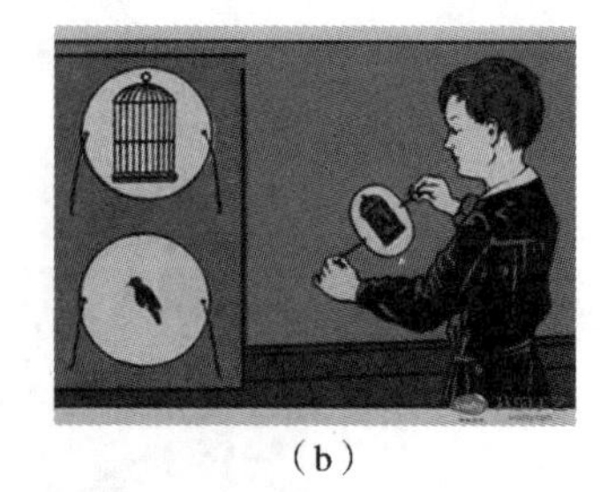
(b)

图 4.22 视觉暂留的应用

(a)宋朝走马灯；(b)法国留影盘

(2)第二种方法是利用 PWM 原理，通过平均电压值进行分析。根据电路特性，电流大小由电压差决定，而低电平一般为 0 V，则电压差的大小就由高电压决定。电压差越大，电流越大，LED 灯亮度越高，电机中的安培力越大，电磁转矩越大，带动轮子转速越快。

假设存在一个脉冲波 $f(t)$，周期为 T，最小电压值为 y_{min}，最大电压值为 y_{max}，占空比为 D，则整个脉冲波的平均电压值为

$$\bar{y}=\frac{1}{T}\int_0^T f(t)\mathrm{d}t=\frac{1}{T}\left(\int_0^{DT} y_{max}\mathrm{d}t+\int_{DT}^{T} y_{min}\mathrm{d}t\right)=$$

$$\frac{1}{T}[DTy_{max}+T(1-D)y_{min}]=$$

$$Dy_{max}+(1-D)y_{min}$$

在输入的方波脉冲中，最大电压为 5 V，最小电压为 0 V，则平均电压为 $\bar{y}=5D$。通过公式可看出，占空比与平均电压成正比。如图 4.23 所示，将3 种占空比的方波脉冲接入 LED 灯，低电压为 0 V，占空比分别为 75%、50%、25%，通过公式可求出平均电压分别为 3.75 V、2.5 V、1.25 V，这也是其电压差，则输入第一组脉冲的 LED 灯最亮，输入第三组脉冲的 LED 灯最暗。轮子转速同理。

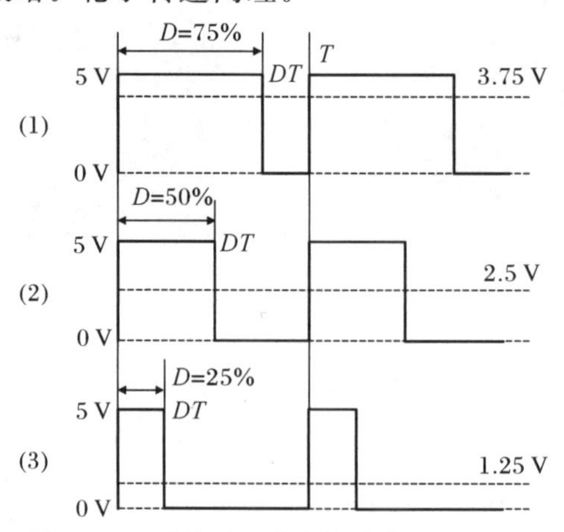

图 4.23 3 种占空比的方波脉冲的平均电压

4.1.5　直流电机控制程序

(1)实验器材。实验器材见表 4.2。

表 4.2　实验器材

名　称	数　量
Arduino Uno 板	1 块
L298P 或 L298N 驱动器	1 块
直流减速电机	2 个
杜邦线	若干

(2)示例程序。

1)选用 L298P 驱动器。L298P 驱动器可直接插装在 Arduino 板上,控制电路通过引脚的插装完成连接,只需要将两个直流电机控制线与 L298P 驱动器的电机输出口连接即可,电路连接如图 4.24 所示,引脚控制情况如表 4.3 所示。

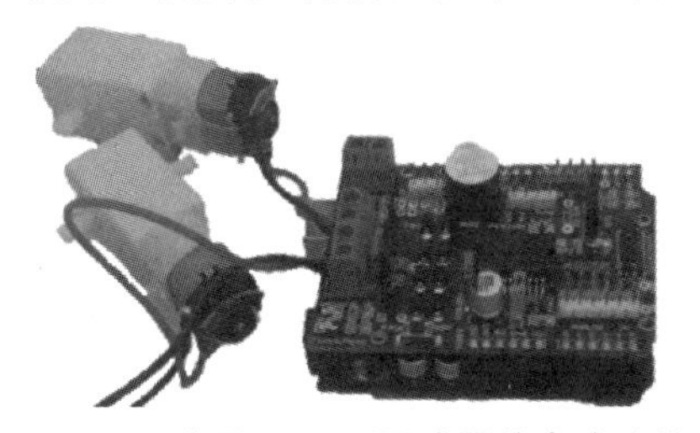

图 4.24　选用 L298P 驱动器的电路连接

表 4.3　Arduino 与 L298P 引脚控制表

序　号	Arduino 引脚	L298P 引脚	说　明
1	D10	EN A	PWM 引脚接电机 A
2	D11	EN B	PWM 引脚接电机 B
3	D12	IN 1、IN 2	控制电机 A 正、反转
4	D13	IN 3、IN 4	控制电机 B 正、反转

Arduino 驱动 L298P 控制直流电机正、反转示例程序如下:

```
int E1 = 10;
int E2 = 11;      //定义 PWM 引脚
int M1 = 12;
int M2= 13;    //定义 2 个控制端

void setup ()
{
pinMode (M1, OUTPUT);
pinMode (M2, OUTPUT);    //定义接口为输出型
}
```

```
void loop ()
{
  digitalWrite (M1, HIGH);   //电机 A 正转
  digitalWrite (M2, HIGH);   //电机 B 正转
  analogWrite (E1, value);   //写入电机 A 的 PWM 调速值,取值范围为0～255
  analogWrite (E2, value);   //写入电机 B 的 PWM 调速值,取值范围为0～255
  delay (3000);              //前进 3 s

  digitalWrite (M1, LOW);    //电机 A 反转
  digitalWrite (M2, LOW);    //电机 B 反转
  analogWrite (E1, value);   //PWM 调速
  analogWrite (E2, value);   //PWM 调速
  delay (5000);              //后退 5 s
}
```

2)选用 L298N 驱动器。图 4.25 所示为 Arduino 与 L298N 驱动器的实物连接电路图。在 L298N 驱动器上的 OUTPUT 输出端口接入两个直流电机,Arduino 与 L298N 驱动器的引脚连接情况如表 4.4 所示。

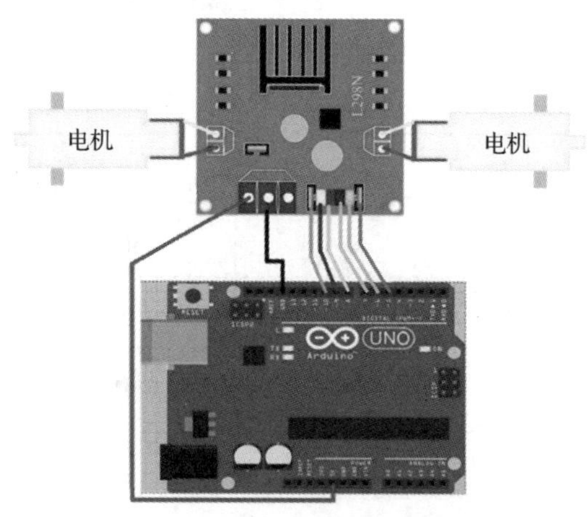

图 4.25 选用 L298N 驱动器的电路连接

表 4.4 Arduino 与 L298N 引脚连接表

序 号	Arduino 引脚	L298N 引脚	说 明
1	D5	EN A	PWM 引脚接电机 A
2	D6	IN 1	控制电机 A 正、反转
3	D7	IN 2	控制电机 A 正、反转

续 表

序　号	Arduino 引脚	L298N 引脚	说　明
4	D8	IN 3	控制电机 B 正、反转
5	D9	IN 4	控制电机 B 正、反转
6	D10	EN B	PWM 引脚接电机 B

Arduino 驱动 L298N 控制直流电机正、反转示例程序如下：

```
int IN1 = 6;
int IN2 = 7;
int IN3 = 8;
int IN4 = 9;          //定义 4 个控制端
int PWMA = 5;
int PWMB = 10;        //定义 PWM 引脚

void setup ()
{
  pinMode (IN1, OUTPUT);
  pinMode (IN2, OUTPUT);
  pinMode (IN3, OUTPUT);
  pinMode (IN4, OUTPUT);      //定义接口为输出型
}

void loop ()
{
  digitalWrite (IN1, HIGH);
  digitalWrite (IN2, LOW);  //电机 A 正转
  analogWrite (PWMA, value);//写入电机 A 的 PWM 调速值,取值范围为 0~255
  digitalWrite (IN3, HIGH);
  digitalWrite (IN4, LOW);  //电机 B 正转
  analogWrite (PWMB, value);
  delay(3000);              //前进 3 s

  digitalWrite (IN1, LOW);
  digitalWrite (IN2, HIGH); //电机 A 反转
  analogWrite (PWMA, value);
  digitalWrite (IN3, LOW);
  digitalWrite (IN4, HIGH); //电机 B 反转
  analogWrite (PWMB, value);
```

```
  delay(5000);                //前进 5 s
}
```

4.2 舵机控制

在机器人的设计中，仿生的四肢、机械臂等(见图 4.26)，其关节部位的运动都离不开舵机这个核心器件。下面将详细介绍舵机的工作原理及控制程序。

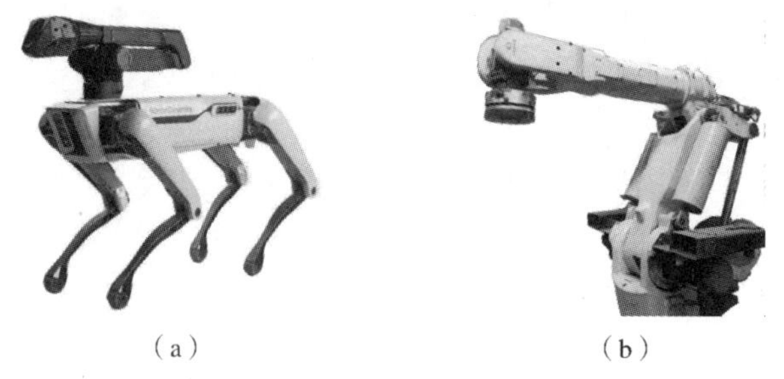

(a)　　　　(b)

图 4.26　仿生机器人

(a)机械狗；(b)机械臂

4.2.1　舵机介绍

控制关节运动所用的舵机，又称为伺服电机，是一种位置(角度)伺服的驱动器，常用在需要改变角度且能保持在设定位置的控制系统中。不同型号的舵机可控制的角度范围不同，一般为 0°～180°、0°～270°、0°～360°这 3 个角度范围。图 4.27 所示为某型号的舵机实物图，在机器人机电控制系统中，舵机控制效果是性能的重要影响因素。

图 4.27　舵机

小型舵机的工作电压一般为 4.8 V 或 6 V，其转速不高，常用的有 0.22 s/60°或 0.18 s/60°，最快的速度为 0.09 s/60°。因此，当修改角度控制脉冲的宽度太快时，舵机会反应不过来。若需要更快的反应速度，则需配置更高的转速。

舵机分为数字舵机和模拟舵机两类，不同点在于其内部是否有单片机控制器。模拟舵机需要不停地给它发送 PWM 信号，才能让它保持在设定的位置或让它按照某个速度转动，而数字舵机只需要发送一次 PWM 信号就能保持在设定的某个位置。这是因为数字舵机电路中多了集成单片机，从根本上颠覆了舵机的控制系统体系。相对于传统模拟舵机，数字舵机具有如下两个优势：

(1) 因为微处理器的关系，数字舵机可以在将动力脉冲发送到直流电机之前，对输入的信号根据设定的参数进行处理。这意味着动力脉冲的宽度，也就是激励直流电机的动力，可以根据微处理器的程序运算而调整，以适应不同的功能要求，并优化舵机的性能。

(2)数字舵机以很高的频率向直流电机发送动力脉冲。虽然因为频率高，每个动力脉冲的宽度减小了，但直流电机在同一时间里可以收到更多的激励信号，转动更快。这意味着不仅直流电机以更高的频率响应发射机的信号，且“无反应区”变小，反应更快，加速和减速时也更迅速、更柔和；并提供更高的精度和更好的固定力量；还有防抖动、响应速度快的优点。

4.2.2　舵机工作原理

(1)舵机的组成。舵机主要是由外壳、控制板、直流电机、电位器与齿轮组所构成，其内部结构如图 4.28 所示。舵机控制板用来驱动直流电机和接受电位器的反馈信号；直流电机是动力来源，通过齿轮组将动力传至输出轴；电位器是可变电阻，对旋转后变化的电阻进行判断，反馈给控制板，从而确定是否到达设定位置；齿轮组将直流电机传递的速度降低，提高受力，使小功率电机产生大扭矩。为了方便传输设定的位置信号，舵机引出了 3 根连接线，黑色(棕色)线接地，红色线接电源(VCC)，白色(黄色)线为舵机控制信号线。

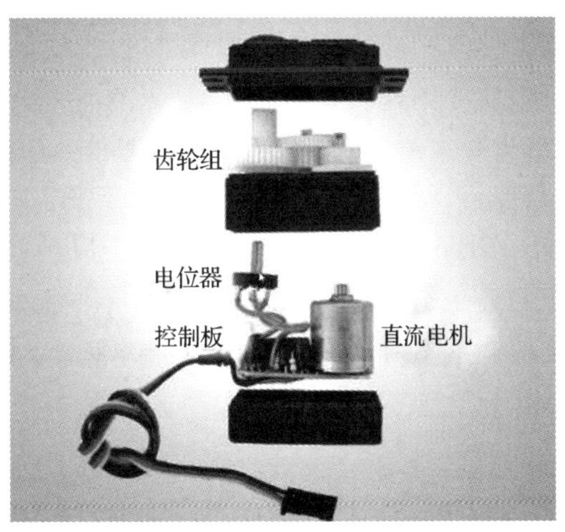

图 4.28　舵机内部结构

(2)PWM 角度控制。舵机的伺服系统由可变宽度的脉冲来进行控制，即利用 PWM(脉冲宽度调制)进行控制。脉冲是通过控制线进行传送的，脉冲参数包含最小值、最大值和频率。所有舵机的基准信号周期为 20 ms，宽度为1.5 ms，如图 4.29 所示。基准信号是指舵机转动范围的中间位置，即 180°舵机的基准信号位置为 90°，360°舵机的基准信号位置为 180°，如图 4.30 所示。这就意味着基准信号所在的位置到最大角度与最小角度的量完全一样。虽然市场上舵机型号及尺寸种类繁多，但中间位置的脉冲宽度是固定不变的，均为 1.5 ms。

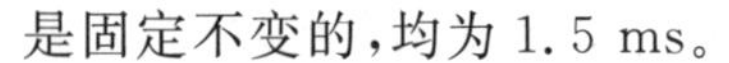
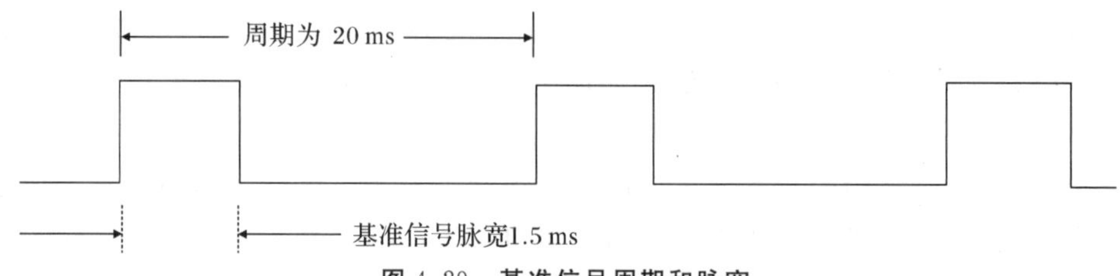

图 4.29 基准信号周期和脉宽

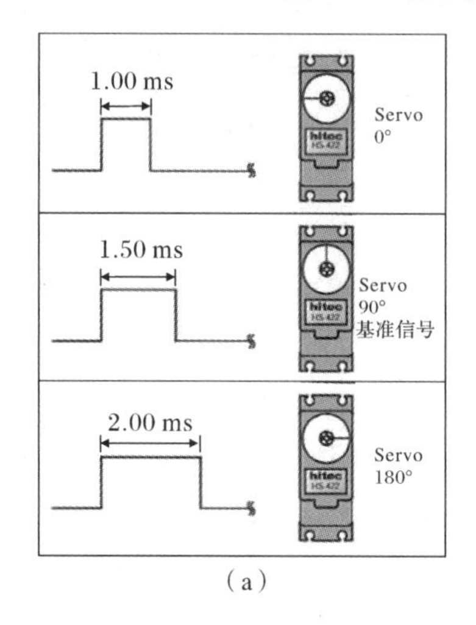

(a)

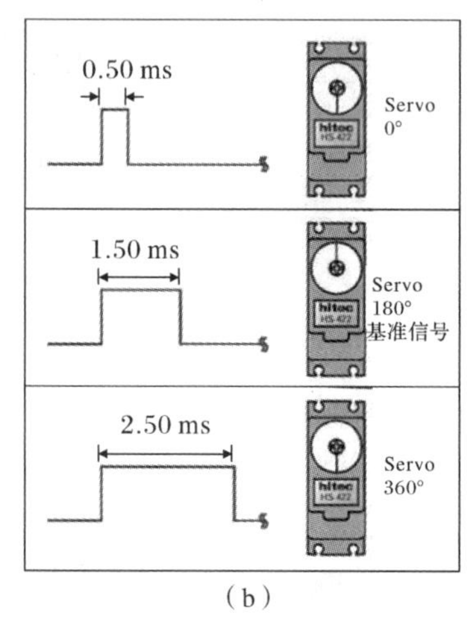

(b)

图 4.30 基准信号

(a)180°舵机；(b)360°舵机

当控制系统发出指令，让舵机旋转到某一位置，并保持这个角度时，外力的影响不会让角度发生变化。但这是有上限的，上限就是舵机的最大扭力。除非控制系统不停地发出脉冲稳定舵机的角度，否则舵机的角度不会一直不变。

当舵机接收到一个小于 1.5 ms 的脉冲时，输出轴会以中间位置为标准，逆时针旋转一定角度；接收到的脉冲大于 1.5 ms 时，情况相反。不同品牌，甚至同一品牌的不同舵机，都会有不同的最大值和最小值。一般情况下，最小脉冲为 1 ms 或 0.5 ms，最大脉冲为 2 ms 或 2.5 ms，如图 4.31 所示。

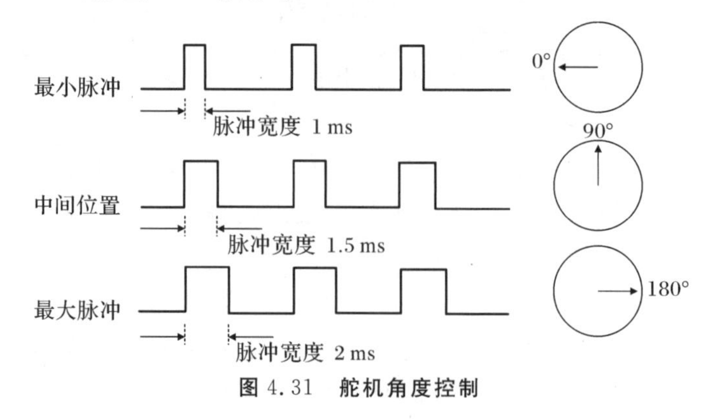

图 4.31 舵机角度控制

控制信号由接收机的通道进入信号调制芯片，获得直流偏置电压。将获得的直流偏置电压与基准信号所对应的电位器的电压比较，获得电压差输出。最后，电压差的正负输出到电机驱动芯片，决定电机的正反转。当电机转速一定时，通过级联减速齿轮带动电位器旋转，使得电压差为 0，电机停止转动，输出的位置即为设定角度位置。调节电压差为 0 时，通过不停地反馈当前差值，依据反馈信号进行电机转速调节，反馈电路可由图 4.32 所示的闭环电路表示。

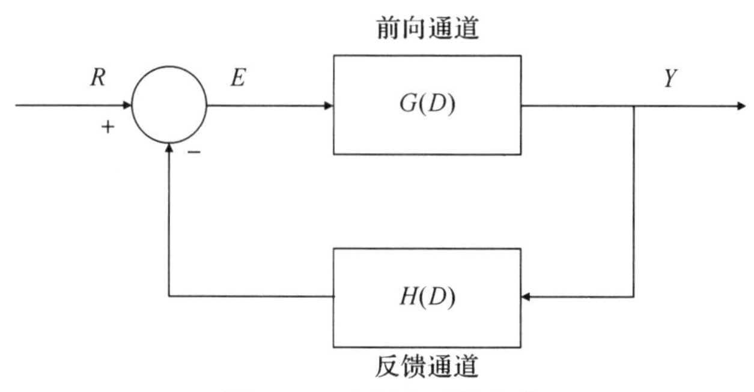

图 4.32　电压差反馈电路

在图 4.32 中，前向通道表示调控电机转速，经过前向通道输出的为当前电位器的电压值；反馈通道表示当前输出电压值与设定位置对应的直流偏置电压相比较，反馈结果即为比较的电压差。若反馈结果是“－”的，则为负反馈，电机应该往 0°方向旋转；若反馈结果是“＋”的，则为正反馈，电机应该往最大度数的方向旋转。其相应的闭环传递函数为

$$\mathrm{CLTF}(D)=\frac{\text{前向通道传递函数}}{1\pm\text{前向通道传递函数}\cdot\text{反馈通道传递函数}}=\frac{G(D)}{1\pm G(D)\cdot H(D)}$$

式中，分母处的“＋/－”是由正负反馈所决定，若为负反馈，则为“1＋”；若为正反馈，则为“1－”。

利用 PWM 进行控制，电压计算方法为求平均电压法，在 4.1.4 节中已介绍，这里就不再赘述。

4.2.3　舵机控制函数库

在使用舵机控制函数时，需要调用“Servo.h”头文件，然后定义舵机对象进行控制程序编写。程序示例如下：

```
#include <Servo.h>
Servo myservo;
```

1. attach(pin)

attach (pin)函数是写在 void setup ()初始化程序中的，用于定义舵机和 Arduino

连接的引脚的函数。若在 Arduino 的 D4 引脚上连接舵机，程序示例如下：

```
void setup ()
{
  myservo. attach (4);
}
```

2. write (value)

write (value)函数是写在 void loop ()主程序内，用来定义需要的角度的函数。对于角度的设定，需要严格遵循舵机可旋转的范围，在其内部定义角度。如旋转范围为0°～180°的舵机，控制它的角度旋转到 130°，程序示例如下：

```
myservo. write (130);
```

注意：角度的选择只能为整数，即精度为 1°。

3. read (value)

read(value)函数用于读取所连接的舵机的当前角度值，输出值为整数，在舵机可旋转角度范围内，程序示例如下：

```
int i;
void setup()
{
  myservo. attach (4);
  Serial. begin(9600);
}
void loop()
{
  i = myservo. read();
  Serial. println(i);
}
```

4.2.4 舵机控制程序

控制连接在 D4 端口的舵机，在 60°的位置，保持 5 s，再摆动到 120°的位置，保持 3 s，循环摆动，程序示例如下：

```
#include <Servo. h>
Servo pin4;              //定义伺服变量名
void setup ()
{
  pin4. attach (4);      //定义连接的数字量针脚
}
```

```
void loop()
{
  pin4.write (60);      //转到 60°
  delay (5000);
  pin4.write (120);     //转到 120°
  delay (3000);
}
```

运行上述程序，舵机控制机械臂的运动效果为瞬间的抬起和放下。若搬运某个易碎的玻璃物体，这样瞬间的下放容易击碎底部，为了保护被搬运物，需要让机械臂缓慢柔和地运动，比如每次运动所改变的度数为 1°，可采用 for 循环语句来实现，程序示例如下：

```
#include <Servo.h>
int i;
Servo pin4;
void setup()
{
  pin4.attach(4);
}
void loop()
{
  for (i=90; i<=130; i++)          //从 90°转到 130°，一次转动 1°
    {
    pin4.write( i );
    delay (50);
    }
  for (i=130; i>=90; i--)          //从 130°转到 90°，一次转动 1°
    {
    pin4.write( i );
    delay (50);
  }
}
```

4.3　超声波测距传感器

由于超声波指向性强，能量消耗缓慢，在介质中传播的距离较远，所以经常用于距离的测量，如测距仪和物体位置测量仪等。

超声波测距传感器是利用附近物体反射回来的高频声波进行距离计算的，是一种仿生型传感器，其原理类似蝙蝠、海豚等对前方路况的判断。当蝙蝠发出的超声波遇到树木时，其耳朵接收到反射波，从而判断出前方路不通畅并改变飞行方向。类似这种仿生的应用还有很多：扑翼式无人机[见图 4.33(a)]，模仿鸟类飞行；火热的深度学习，模仿人脑的学习与认知[见图 4.33(b)]；我们现在所学习的机器人也是一种仿生，模仿人的行为[见图 4.33(c)]。还有许许多多的仿生实例，都是从自然界学习的，自然界永远是我们学习的对象。和我们现有的技术相比，大自然在解决一些关键问题时采用的方法常常比我们的更高效、更长久，可自我维持且更加可靠、更加敏捷、更加轻便。因此，我们要走进自然，感受自然，留心观察，善于学习，可能某个瞬间的灵感就是大自然的馈赠。

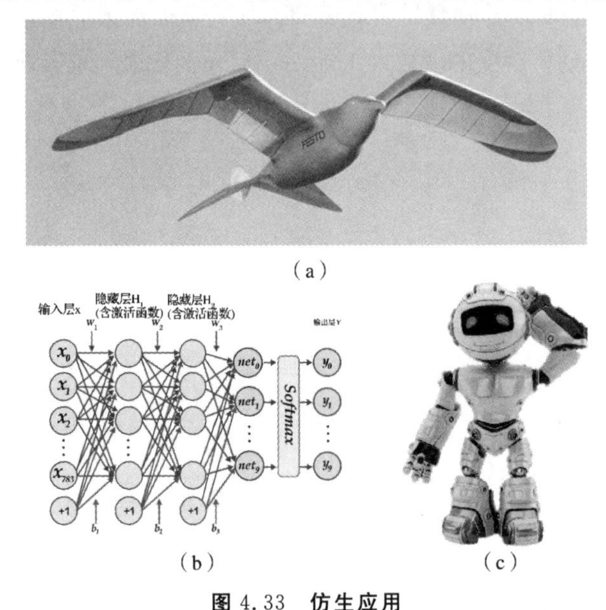

图 4.33 **仿生应用**

(a)扑翼式无人机；(b) 神经网络；(c) 机器人

在机器人运动过程中，它的避障功能就是“智能化”的一种体现，所运用的器件就是超声波测距传感器。通常，在运用超声波测距传感器时，需要一个微处理器发送和接收信号，经内部控制器处理后，输出一个易被 Arduino 读取的、与距离成正比的输出信号。

4.3.1 超声波测距工作原理

超声波是指频率高于 20 kHz 的机械波。超声波测距的基本过程类似回声定位，在发出一个超声波并等待回声的过程中，计时需要准确才可判断出前方能否通行。测距公式为

$$L = v(T_2 - T_1)/2$$

式中：L 为测量距离；v 为超声波在空气中的传播速度，当室温为 20℃ 时，速度为 343 m/s；T_1 为超声波发射出去的时间；T_2 为接收到回声的时间。

由于声速受外界温度影响，通常的精度在 1 cm，若想达到 1 mm 的精度，则需考虑

实际室温中的声速值，气温-声速对应情况如表 4.5 所示。若在 30℃的气温中利用超声波进行测距，但声速按照 0℃下的速度值进行计算，则 100 m 距离所引起的测量误差将达到 5 m；1 m 距离的误差将达到 5 mm。

表 4.5　气温-声速表

气温/℃	声速/(m·s^{-1})
0	331
5	334
10	337
15	340
20	343
25	346
30	349

通过分析上述测距原理，可知超声波传感器需要两个探头，一个用来发射超声波，另一个用来等待接收反弹回声信号，其内部控制电路还需一些元器件、微控制器等。微控制器用来处理计算发射到接收的时间差，时间差越大，通过编码处理出来的电压越高。由于传感器基本上都是在 5 V 的通信电压下工作的，因此电压差范围为 0～5 V。

超声波测距传感器型号很多，有些模块携带串口或 I^2C 输出，可直接输出距离数据，有些还带有温度补偿功能。本书选用的超声波测距传感器为HC－SR04模块，是一种非接触式传感器，下面对该模块进行详细介绍。

4.3.2　HC－SR04 型超声波测距模块

HC－SR04 超声波测距模块(见图 4.34)包括发射器、接收器与控制电路，其内部电路如图 4.35 所示。该模块可提供 2～450 cm 的非接触式距离感测功能，测距精度可达到 3 mm，能很好地实现机器人的避障功能。

图 4.34　HC－SR04 超声波测距模块

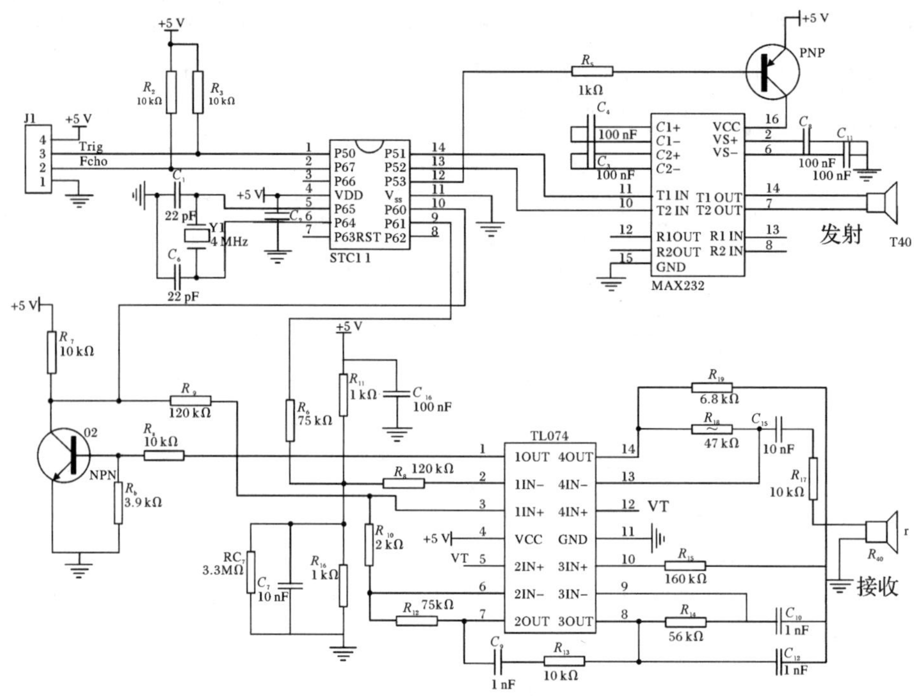

图 4.35　HC-SR04 超声波测距模块电路

(1)主要技术参数。

1)使用电压:5 V 直流电压。

2)静态电流:< 2 mA。

3)工作电流:15 mA。

4)电平输出:低电平 0 V,高电平 5 V。

5)感应角度:≤ 15°。

6)检测距离:2～450 cm。

7)精度:2 mm。

8)输入触发脉冲:10 μs 的 TTL 电平。

9)输出回响脉冲:输出 TTL 电平信号(高),与射程成正比。

(2)接口定义。

1)VCC:接+5 V。

2)Trig:触发端输出。

3)Echo:接收端输入。

4)GND:接地。

(3)工作原理。HC-SR04 超声波测距模块的工作时序脉冲图如图 4.36 所示。未启动时,Trig 触发端为低电平,当需要进行测距时,给 Trig 端加载一个脉冲宽度大于 10 μs的高电平触发信号。脉冲结束后,模块内部发出 8 个40 kHz周期的电平,防止误判。然后启动 Echo 接收端并开启内部计时器,一旦检测到有回声信号,Echo 端和内部计

时器同时停止，并输出回响信号。与时序图相对应的超声波内部触发程序如图 4.37 所示。

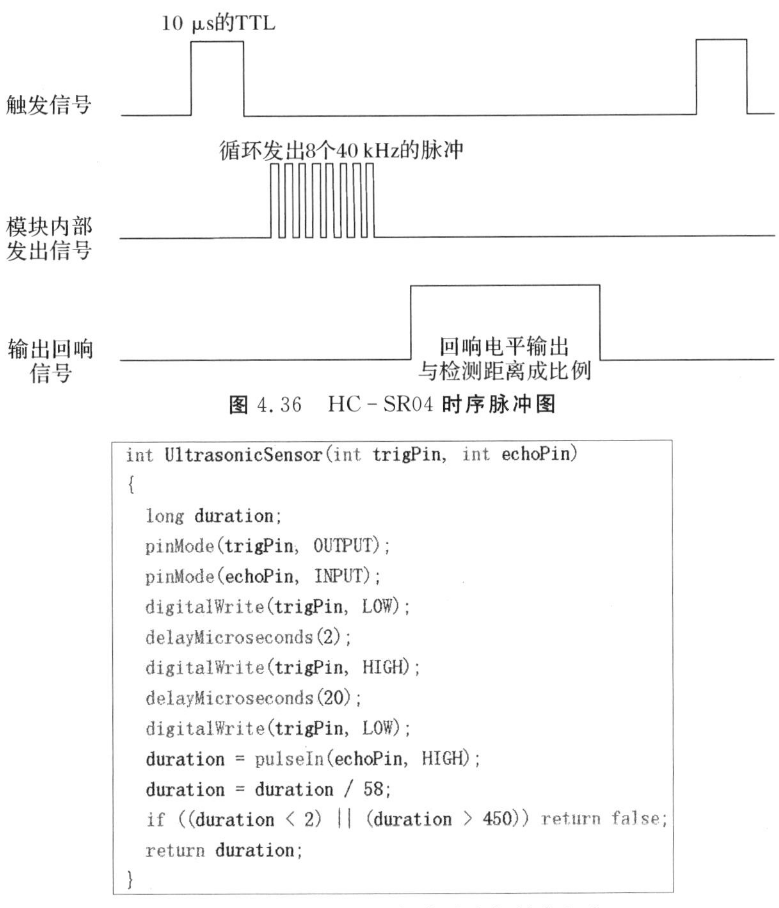

图 4.36　HC - SR04 时序脉冲图

```
int UltrasonicSensor(int trigPin, int echoPin)
{
  long duration;
  pinMode(trigPin, OUTPUT);
  pinMode(echoPin, INPUT);
  digitalWrite(trigPin, LOW);
  delayMicroseconds(2);
  digitalWrite(trigPin, HIGH);
  delayMicroseconds(20);
  digitalWrite(trigPin, LOW);
  duration = pulseIn(echoPin, HIGH);
  duration = duration / 58;
  if ((duration < 2) || (duration > 450)) return false;
  return duration;
}
```

图 4.37　HC - SR04 超声波内部触发程序

图 4.37 的程序中，程序语句 pulseIn (echoPin, HIGH) 用于检测 echo 引脚输出的高电平的脉冲宽度，即输出的高电平的时长。"duration = duration / 58"语句中的 58，是声音在 20℃的空气中的传播速度，约为 343 m/s，即 34 300 cm/s，即 0.034 3 cm/ms。然而，获得的时长是从发射到接收，超声波走过的路程为一个来回，所以需要除以 2，则传播速度可转换为 1/[(0.034 3 cm/ms)/2]=(29.15 ms/cm)×2=58.3 ms/cm，所以实际就是 1 cm 对应 58.3 ms。若程序内设定为除以 58.3，输出的距离会更精确。

4.3.3　HC - SR04 型超声波测距程序示例

使用超声波传感器模块完成避障功能，例如，当超声波测距传感器检测到智能小车距障碍物小于 20 cm 时，智能小车将改变前行方向，程序示例如下：

```
int E1 = 10;
int E2 = 11;      //定义 PWM 引脚
int M1 = 12;
```

```
int M2 = 13;   //定义 2 个控制端

int UltrasonicSensor (int trigPin, int echoPin)  //超声波内部触发程序
{
  long duration;
  pinMode (trigPin, OUTPUT);
  pinMode (echoPin, INPUT);
  digitalWrite (trigPin, LOW);
  delayMicroseconds (2);
  digitalWrite (trigPin, HIGH);
  delayMicroseconds (20);
  digitalWrite (trigPin, LOW);
  duration = pulseIn (echoPin, HIGH);
  duration = duration / 58;
  if ((duration < 2) || (duration > 450)) return false;
  return duration;
}

void stop ();
void turn ();
void forward ();
void back ();

void setup ()
{
pinMode (M1, OUTPUT);
pinMode (M2, OUTPUT);
  digitalWrite (15, LOW);
}

void loop ()
{
  if ( UltrasonicSensor ( 15 , 14 ) < 20 )  //距障碍物只有 20 cm 时,停止,倒车,转向
  {
    stop ();
    delay (2000);
```

```
    back ();
    delay (5000);
    turn();
    delay (3000);
  }
  else
  {
    forward ();
  }
}

void forward ()
{
digitalWrite (M1, HIGH);    //电机 A 正转
digitalWrite (M2, HIGH);    //电机 B 正转
analogWrite (E1, 255);
analogWrite (E2, 255);
}

void back()
{
digitalWrite (M1, LOW);    //电机 A 反转
digitalWrite (M2, LOW);    //电机 B 反转
analogWrite (E1, 255);
analogWrite (E2, 255);
}

void stop ()
{
digitalWrite (M1, HIGH);
digitalWrite (M2, HIGH);
analogWrite (E1, 0);          //电机 A 速度为 0
analogWrite (E2, 0);          //电机 B 速度为 0
}

void turn ()
```

```
{
digitalWrite (M1, HIGH);
digitalWrite (M2, HIGH);
analogWrite (E1, 255);        //电机 A 的 PWM 为 255
analogWrite (E2, 180);        //电机 B 的 PWM 为 180
}
```

4.4 近红外传感器

红外传感器是利用红外线来进行数据处理的一种传感器，是将红外辐射能转变为电能的光敏元器件，具有灵敏度高、反应快等优点。红外传感器利用物体产生红外辐射的特性实现自动检测功能，从而控制驱动装置的运行。

红外线又称红外光，具有反射、折射、散射、干涉、吸收等性质。任何物质，只要它本身具有一定的温度(高于绝对零度)，都能辐射红外线。红外传感器在测量时不与被测物体直接接触，是一种非接触式传感器。

红外传感器包括光学系统、检测元件和转换电路。光学系统按结构不同可分为透射式和反射式两类，检测元件按工作原理可分为热敏检测元件和光电检测元件。本书所用到的两个红外传感器，都是反射式光学系统结构和光电检测元件(光敏电阻)。光敏电阻受到反射的红外线辐射时，电阻变化通过转换电路变成电信号输出。

4.4.1 红外避障传感器

(1)工作原理。红外避障传感器(见图 4.38)是利用红外线反射来判断前方是否有障碍物，其原理与超声波测距传感器类似，同样具有一个红外线发射端和接收端。传感器启动时，发射端发射出一定频率的红外线，当前方遇到障碍物体时，红外线反射回来被接收端感知，经比较器电路处理，指示灯亮起的同时传输出一个数字信号，通常为低电平信号。

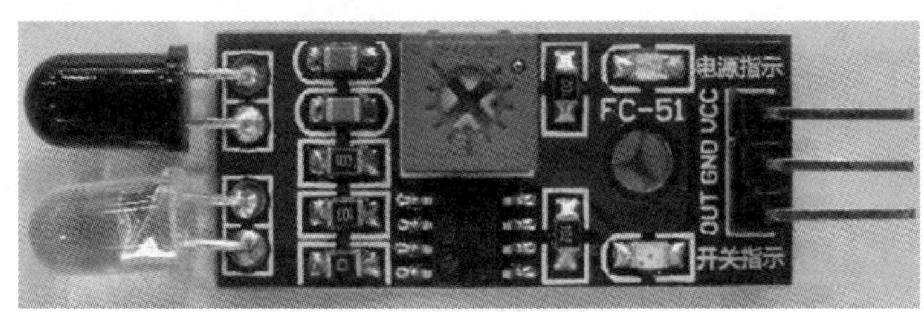

图 4.38 红外避障传感器模块

与超声波测距传感器不同的是，红外避障传感器无法直接测出前方障碍物的距离，而是通过调节电位器，设定好距离值，判断该距离范围内是否有障碍物。超声波测距传感器是因为声速已知，只需要获取超声波发射到返回的时间，就可通过计算获取距离。

图4.39为FC-51红外避障传感器模块的电路图，电位器即VR1滑动变阻器，通过电路图可知，改变阻值，就改变了反相输入端（“－”端）的电压。LM393芯片为比较器，假设同相输入端（“＋”端）电压为V_A，反相输入端为V_B，若$V_A > V_B$，输出高电平；若$V_A < V_B$，输出低电平。光敏三极管特性为：在特定波长的光照射下，光照越强，电流越大，无光照则几乎不导通，等同于光照越强，电阻越小，同相输入端（“＋”端）的电压越小。因此，调节电位器是改变基准值，也就改变了避障距离；距离范围内检测出障碍物，输出的数字信号为低电平。

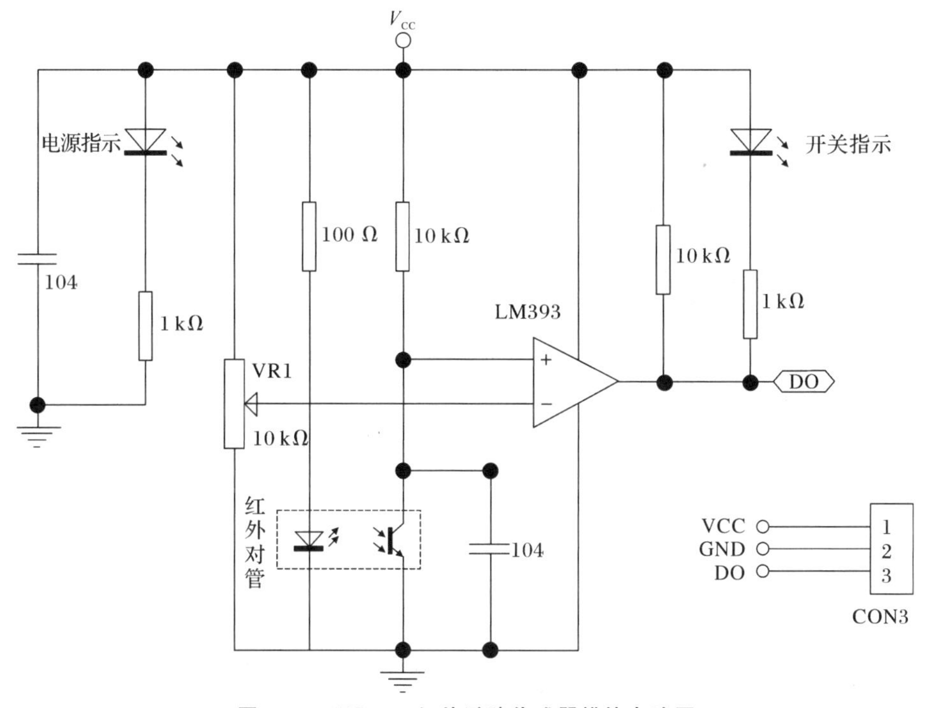

图4.39 FC-51红外避障传感器模块电路图

（2）规格参数。若使用图4.38中的FC-51红外避障传感器模块，其规格参数为：

1）工作电压：直流电压3～5 V供电，当电源接通时，红色电源指示灯亮起。

2）检测距离：2～30 cm。

3）有效角度：35°。

4）I/O接口：3线制接口（GND / VCC / OUT）。

5）输出信号：TTL电平。

6）调节方式：多圈电阻式调节，顺时针调电位器，检测距离增加；逆时针调电位器，检测距离减小。

7）尺寸大小：3.2 cm×1.4 cm。

8）安装孔径：3 mm。

(3)接口定义。

1)VCC:供电电源,直流 3~5 V,可直接与 5 V 和 3.3 V 单片机相连。

2)GND:接地。

3)OUT:检测输出,检测到障碍物时输出低电平,没有障碍物时输出高电平。

(4)工作特点。

1)开发板上配有两个指示灯,一个为电源指示灯,另一个为检测指示灯,即检测到障碍物时,亮起绿色灯。

2)开发板上的电位器可调节,用来改变检测距离。

4.4.2 红外循迹传感器

(1)工作原理。红外寻迹传感器的原理和红外避障传感器原理相同,都是利用红外线的反射原理进行设计的,图 4.40 为红外寻迹传感器模块。它主要是利用光在不同颜色上反射强度不同的原理,判别当前是在黑线还是白线上。

图 4.40 红外寻迹传感器模块

物体颜色是光作用于物体,并对光进行反射、吸收或透射后,在人眼所引起的一种视觉反应。把可见光中所有不同波长的有色光全部吸收,则是黑色;若全部被物体反射,则是白色;若选择性地吸收某一波段的光,则呈现吸收光的互补光的颜色。不同颜色的光具有不同的波长和能量,会让光敏电阻(半导体的光电导效应)产生不同的阻值。

对于红外寻迹传感器来说,发射出去的红外线,若被反射回来,则当前读取的颜色为白色;若没有反射光或反射光很微弱,则当前读取的颜色为黑色,从而实现对黑线或白线的跟踪。

图 4.41 为 TCRT5000 红外寻迹传感器模块的电路图。其中,芯片 74HC14 是六反相施密特触发器,具有反向特性,即具有特殊功能的非门。当加在输入端 1 的电压逐渐上升到某个值时(正阈值电压),输出端 2 会突然从高电平跳变为低电平;而当输入端 1 的电压下降到另一个值时(负阈值电压),输出端 2 会从低电平跳变为高电平。

依据光敏三极管特性,当没有光或微弱的光反射回来时,光敏三极管几乎不导通,相当于断路,此时芯片的输入端 1 接入了电压,输出端 2 为低电平;当有强光反射时,经过光敏三极管的电流很大,即电路导通,且阻值很小,则加载到芯片输入端 1 的电压变小甚至没有,输出端 2 为高电平。因此,红外寻迹传感器检测到黑线时,输出低电平;检测到白线时，输出高电平。

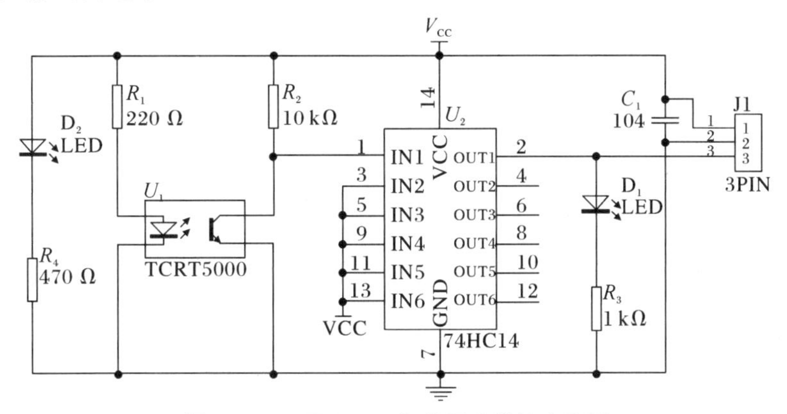

图 4.41　TCRT5000 红外寻迹模块电路图

(2)应用范围。

1)机器人或智能小车寻迹，寻黑、白线均可。

2)防跌落，如台阶、悬崖等悬空地带的避让。

3)反光材料的检测，如纸、镜子、漆面物体等。

(3)性能参数。若使用图 4.40 中的 TCRT5000 红外寻迹传感器模块，其规格参数为：

1)检测反射距离：1～25 mm，越贴近地面，寻迹的精度越高。

2)工作电压：5 V。

3)输出形式：数字信号(0 和 1)，TTL 电路。

4)工作电流：18～20 mA。

5)设有固定螺栓孔，方便安装。

6)小板 PCB 尺寸：3.5 cm×1 cm。

(4)接口定义。

1)VCC：接电源正极(5 V)。

2)GND：接电源负极。

3)OUT：高/低电平开关信号(数字信号 0 和 1)。

4.4.3　红外传感器应用实例程序

1. 红外避障传感器应用实例

在智能小车的车头安装红外避障传感器，判断前方是否有障碍物，可利用电位器设置避障阈值。当前方有障碍物时，绿灯点亮，OUT 引脚输出低电平；若无障碍，绿灯为熄灭状态，输出高电平。程序示例如下：

```
int Led=13;                //定义内置 LED 接口
```

```
int buttonpin=3;        //定义避障传感器接口
int val;

void setup ()
{
  pinMode (Led, OUTPUT);        //定义 LED 为输出接口
  pinMode (buttonpin, INPUT);   //定义避障传感器为输出接口
}

void loop ()
{
  val = digitalRead (buttonpin);  //将数字接口 3 的值读取赋给 val
  if( val == LOW )            //当避障传感器检测有信号时,LED 灯亮
  {
    digitalWrite (Led, HIGH);
  }
  else
  {
    digitalWrite (Led, LOW);
  }
}
```

2. 红外循迹传感器应用实例

在智能小车的车头底部安装两个红外寻迹传感器,并让两个传感器跨过黑线,如图 4.42(a)所示。当两个传感器都读到白色,小车前行;当右侧传感器检测到黑色轨迹时,说明小车向左偏转,需要右转予以纠正,如图 4.42(b)所示;当左侧传感器检测到黑色轨迹时,说明小车向右偏转,需要左转予以纠正,如图 4.42(c)所示。

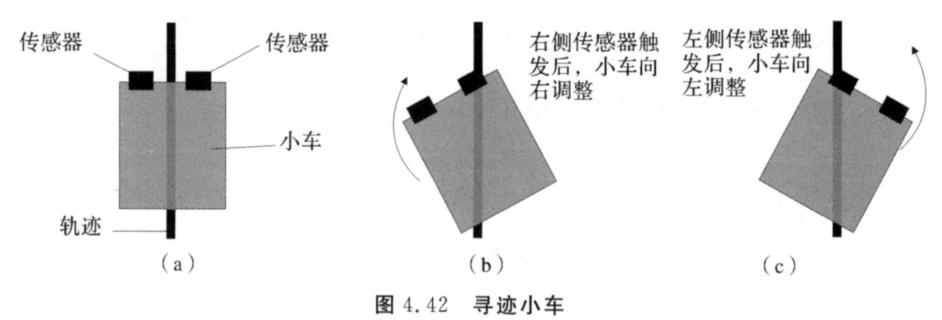

图 4.42 寻迹小车

(a) 小车直行;(b)小车左偏;(c)小车右偏

程序示例如下:

```
int E1 = 10;
int E2 = 11;      //定义 PWM 引脚
int M1 = 12;
int M2 = 13;      //定义 2 个控制端
int L = 14;       //设置左边传感器引脚
int R = 18;       //设置右边传感器引脚

void forward ();
void left ();
void right ();

void setup ()
{
  pinMode (M1, OUTPUT);
  pinMode (M2, OUTPUT);    //定义接口为输出型
  pinMode (L, INPUT);
  pinMode (R, INPUT);
}

void loop ()
{
//两个传感器都读白色,均输出高电平,直行
if ((digitalRead (L) == HIGH) && (digitalRead (R) == HIGH))
  {
    forward ();
  }
//左边传感器读白色(高电平),右边传感器读黑色(低电平),小车左偏,向右转
  else if ((digitalRead (L) == HIGH) && (digitalRead (R) == LOW))
  {
    right ();
    delay (70);
  }
//左边传感器读黑色(低电平),右边传感器读白色(高电平),小车右偏,向左转
  else ((digitalRead (L) == LOW) && (digitalRead (R) == HIGH))
  {
    left ();
```

```
      delay ( 70 );
    }
}

void forward ()
{
    digitalWrite (M1, HIGH);    //电机 A 正转
    digitalWrite (M2, HIGH);    //电机 B 正转
    analogWrite (E1, 200);
    analogWrite (E2, 200);
}

void right ()
{
    digitalWrite (M1, HIGH);
    digitalWrite (M2, HIGH);
    analogWrite (E1, 100);        //电机 A(右轮)的 PWM 为 100
    analogWrite (E2, 200);        //电机 B(左轮)的 PWM 为 200
}

void left ()
{
    digitalWrite (M1, HIGH);
    digitalWrite (M2, HIGH);
    analogWrite (E1, 200);        //电机 A(右轮)的 PWM 为 200
    analogWrite (E2, 100);        //电机 B(左轮)的 PWM 为 100
}
```

“榫卯”工艺

——中国工匠精神的传承

现在的机械结构组装，最常用、最熟悉的连接方式是运用螺栓、螺母、钉子等固定。而在古代，没有坚固的合金，没有高精密度的机器，房屋、家具、马车、水车等生产生活器件，全为纯木质结构，结构核心技术为“榫卯”工艺。

在中国古典家具和建筑的榫卯设计中，在满足人们的视觉美感后，还要求科学合理性，使其长久耐用。这就要求每个木料的榫头、卯眼必须根据家具的造型来设计组合，需要木工师傅以精益求精的态度完成每个组件，否则将失之毫厘，谬以千里。从力学上看，准确地判断出每个木料所承受的力，需要木工师傅常年如一日不厌其烦地练习手艺、总结经验。

“榫卯”是极为精巧的发明，这种不用钉子的构件连接方式，使得中国传统的木结构成为超越了当代建筑排架、框架或者钢架的特殊柔性结构体，不但可以承受较大的荷载，而且允许产生一定的变形，甚至可在地震荷载下通过变形吸收一定的地震能量，减小结构的地震响应。

我国古代著名的大量使用榫卯结构的建筑：

山西塑州应县木塔（见图 4.43）：建于辽，是中国现存最古老的一座木构塔式建筑，是“世界三大奇塔”之一，是世界上最高的木塔。应县木塔采用全木榫卯结构，内部结构如图 4.44 所示，无钉无铆，曾经历强烈地震、炮弹轰击，仍然屹立不倒。

图 4.43　应县木塔

图 4.44　内部结构

山西大同悬空寺（见图 4.45）：始建于北魏年间，是一座建在悬崖上的庙宇，其结构大量使用了全榫卯结构，依照力学原理，以榫卯和半插横梁为基，巧借岩石暗托，梁柱（见图4.46）上下一体，廊栏左右紧联，是“全球十大奇险建筑”之一。

图 4.45　悬空寺

图 4.46　梁柱

现代具有“榫卯”工艺的建筑：

2010 年上海世博会中国国家馆（见图 4.47）：该馆设计极富中国气韵，向世界展现了城市发展中的中华智慧。因外形酷似一顶古帽而被命名为“东方之冠”。这是中国木建筑中传统的“斗冠”造型，它悬挑出檐、层层叠加，将檐口的力均匀传递到柱子上，实现这一艺术性的承重构件的工艺便是“榫卯”。

图 4.47　2010 年上海世博会中国国家馆

中国科技馆新馆(见图 4.48):该馆整体为单体正方形,由若干积木般块体相互咬合,整个外形呈现为一个巨大的“鲁班锁”,既体现出中国传统文化重视整体与部分相结合的理念,也寓意着科学的众多学科之间是相互融合、相互促进的。

图 4.48　中国科技馆新馆

▶二十大金句与思考

习近平总书记指出:“要在全社会弘扬精益求精的工匠精神,激励广大青年走技能成才、技能报国之路。”党的二十大报告提出,努力培养造就更多大师、战略科学家、一流科技领军人才和创新团队、青年科技人才、卓越工程师、大国工匠、高技能人才。这极大地鼓舞了我们技能报国、矢志创新的勇气和决心。

深化科技体制改革，坚持科技创新和制度创新“双轮驱动”，着力解决谁来创新、如何激发创新动力等问题。

第5章　项目实践应用

5.1　基于Arduino的智能车设计与制作

5.1.1　走迷宫的轮式结构智能车

图5.1所示为轮式结构的智能车，该车模拟生活中汽车的驱动结构，利用舵机改变前轮（前轮为从动轮，后轮为驱动轮）方向，实现转弯，利用直流减速电机完成速度控制、前行、倒车。在该驱动结构的车身上安装超声波避障传感器，实现迷宫穿越。

图5.1　轮式结构智能车

（1）硬件平台搭建。智能车硬件组成如表5.1所示。

表5.1　智能车硬件组成

项　目	数　量	项　目	数　量
Arduino Uno板	1块	L298P电机驱动器	1块
直流减速电机	1个	轮胎	4个
齿轮	2个	舵机	2个
超声波避障传感器	1个	机械零件	若干
螺栓、螺母、螺柱、轴套	若干	杜邦线	若干

(2)智能车装配。组装超声波避障轮式结构智能车的步骤如图 5.2 所示。其中,选用齿轮拼装的传动机构可让两个轮子的协同性更好,减少直流电机之间的物理性误差。

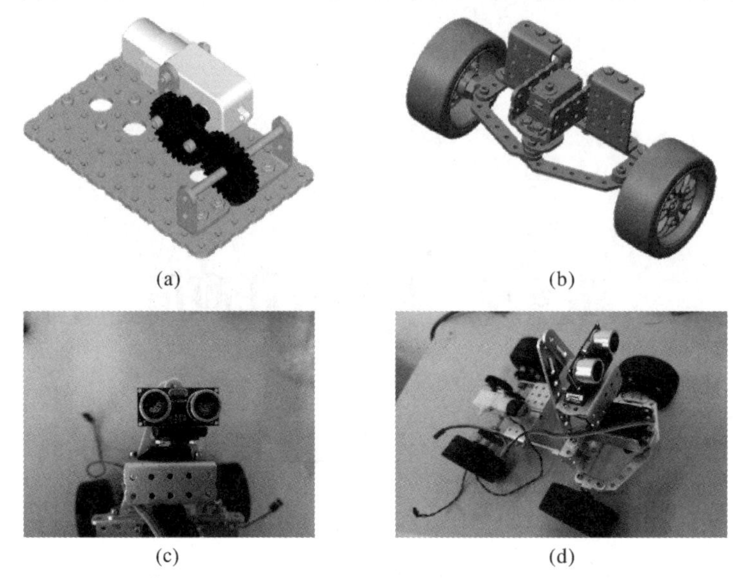

(a) (b)

(c) (d)

图 5.2 超声波避障轮式结构智能车组装步骤

(a)驱动及传动机构;(b)从动转向轮;(c)超声波云台;(d)整机案例

(3)接线总表(见表 5.2)。

表 5.2 轮式结构智能车接线总表

序 号	Arduino 引脚	模块引脚
1	D10	ENA
2	D12	IN1、IN2
3	A0	超声波 Echo
4	A1	超声波 Trig
5	5 V	超声波 VCC
6	GND	超声波 GND
7	D7	舵机 1 信号线
8	D8	舵机 2 信号线

(4)编程原理。利用舵机带动超声波避障传感器进行前方、左侧和右侧 3 个方向的障碍物检测。检测情况如图 5.3 所示,若距前方障碍物小于 25 cm 时,分别检测左、右两侧是否有障碍物,若如图 5.3(a)所示,左侧距障碍物小于 20 cm,右侧无障碍物,则智能车右转;若如图 5.3(c)所示,右侧距障碍物小于20 cm,左侧无障碍物,则智能车左转;若如图 5.3(b)所示,左、右两侧都有障碍物,此时判断两侧障碍物距离大小,若右侧大于等于左侧,则实行左倒车一段距离后再右转掉头。

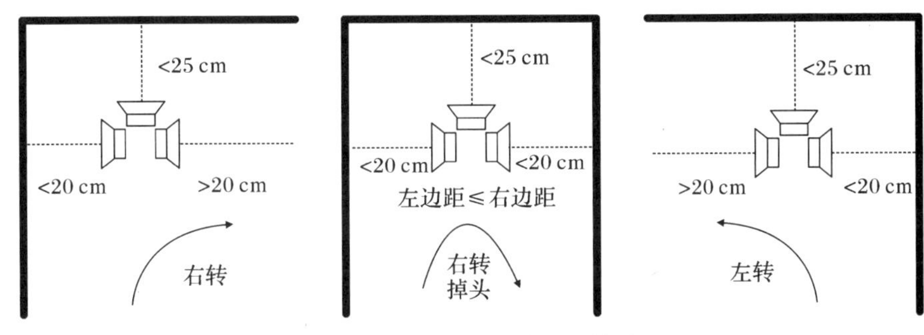

图 5.3　3 个方向的障碍物检测

(a)左墙角；(b)死角；(c) 右墙角

(5)程序设计示例。

```
#include <Servo.h>

int E1 = 10;
int M1 = 12;        //直流减速电机
Servo pin7;         //控制前轮转向
Servo pin8;         //控制超声波传感器转向
int Fdistance, Ldistance, Rdistance;    //前方、左侧、右侧的障碍距离

void forward ();
void stop ();
void left ();
void right ();
void Lback ();
void Rback ();

int UltrasonicSensor (int trigPin, int echoPin)   //超声波内部触发程序
{
  long duration;
  pinMode (trigPin, OUTPUT);
  pinMode (echoPin, INPUT);
  digitalWrite (trigPin, LOW);
  delayMicroseconds (2);
  digitalWrite (trigPin, HIGH);
  delayMicroseconds (20);
  digitalWrite (trigPin, LOW);
```

```
    duration = pulseIn (echoPin, HIGH);
    duration = duration / 58;
    if ((duration < 2) || (duration > 450)) return false;
    return duration;
}

void setup ()
{
    Serial.begin (9600);
    pinMode (M1, OUTPUT);
digitalWrite (15, LOW);
    pin7.attach (7);
    pin8.attach (8);
}

void loop ()
{
pin7.write (90);          //初始化前行
pin8.write (90);          //初始化超声波检测前方障碍
forward ();
    Fdistance = UltrasonicSensor ( 15 , 14 );
    if ( Fdistance < 25 )  //前方距障碍物小于 25 cm,判断左右两侧障碍物
    {
        stop ();
        delay (1000);
pin8.write (5);        //超声波左转检测
        delay (5000);         //舵机稳定后再测量
Ldistance = UltrasonicSensor ( 15 , 14 );
delay (2000);
        pin8.write (175);       //超声波右转检测
        delay (5000);           //舵机稳定后再测量
Rdistance = UltrasonicSensor ( 15 , 14 );
delay (2000);
if ( (Ldistance > 20) && (Rdistance < 20) )   //左侧无障碍物,右侧有障碍物,
                                              //左转
```

```
{
  left ();
  delay (2000);
}
if ( (Ldistance < 20) && (Rdistance > 20) )   //右侧无障碍物,左侧有障碍物,
                                              //右转
{
  right ();
  delay (2000);
}
if ( (Ldistance < 20) && (Rdistance < 20) )   //左右两侧都有障碍物,即在死
                                              //胡同中
{
  //若右侧距离大于等于左侧距离,则左倒车,再右转掉头
if (Ldistance <= Rdistance)
{
  Lback ();
  delay (2000);
  right ();
  delay (3000);
}
//若左侧距离大于右侧距离,则右倒车,再左转掉头
else
  {
    Rback ();
    delay (2000);
    left ();
    delay (3000);
    }
  }
}

void forward ();
{
pin7. write (90);
digitalWrite (M1, HIGH);    //电机正转
analogWrite (E1, 255);
```

```
}

void stop ();
{
  pin7. write (90);
  digitalWrite (M1, HIGH);
  analogWrite (E1, 0);          //电机速度为 0
}

void left ();
{
pin7. write (135);            //舵机向左转 45°
digitalWrite (M1, HIGH);    //电机正转
analogWrite (E1, 255);
}

void right ();
{
pin7. write (45);             //舵机向右转 45°
digitalWrite (M1, HIGH);    //电机正转
analogWrite (E1, 255);
}

void Lback ();
{
pin7. write (135);            //舵机向左转 45°
digitalWrite (M1, LOW);    //电机反转
analogWrite (E1, 255);
}

void Rback ();
{
pin7. write (45);             //舵机向右转 45°
digitalWrite (M1, LOW);    //电机反转
analogWrite (E1, 255);
}
```

5.1.2 循迹式履带结构物流搬运车

履带结构的物流搬运车底盘如图 5.4 所示，该结构在生活中的应用实例有很多，如坦克、扒渣机、运输车等。履带轮具有接地比压低，可保护土壤；牵引力大，深翻负重作业优势明显；通过性和爬坡能力超强等优点。但最大的缺点就是行驶速度慢，在转场时非常不方便。

图 5.4 履带结构物流搬运车底盘

考虑其缺点，庞大的履带车的掉头都是依靠车身旋转 180°来实现的，但要转弯时，调转车身是无用的，还需要靠轮子进行转动。履带轮为传动式结构，若按照轮式车改变前驱动轮方向进行转弯的方法，是不可行的，因为履带片是不可左右弯折形变的；若用左右轮差速转弯法，则需要很大的转弯场地，降低了车子的机动性。因此，选用左右轮正反转的方式转弯，可节省场地，提高机动性。

(1)硬件平台搭建。红外循迹物流搬运车硬件组成如表 5.3 所示。

表 5.3 红外循迹物流搬运车硬件组成

项目	数量
Arduino Uno 板	1 块
L298P 电机驱动器	1 块
直流减速电机	4 个
红外寻迹传感器	2 个
红外避障传感器	1 个
舵机	2 个
齿轮	2 个
履带片	若干
机械零件	若干
螺栓、螺母、螺柱、轴套	若干
杜邦线	若干
1 拖 2 杜邦线	2 根

(2)红外循迹物流搬运车装配。组装红外寻迹履带式结构物流搬运车的步骤如图5.5所示。其中,两个红外寻迹传感器安装于车身底部,红外避障传感器装于车头,用于识别物料块。

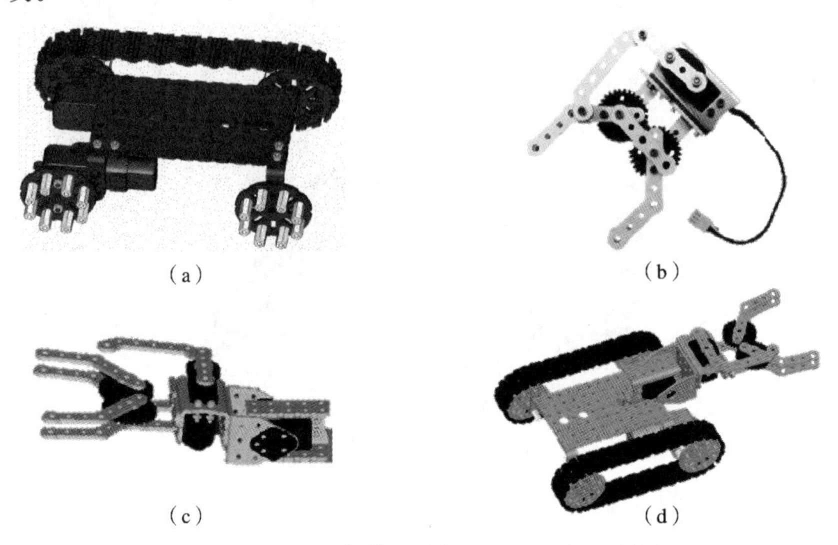

图5.5 红外寻迹履带式结构物流搬运车安装步骤

(a)履带轮安装;(b)机械手爪;(c)机械臂;(d) 整机案例

(3)接线总表(见表5.4)。

表5.4 红外循迹物流搬运车接线总表

序　号	Arduino 引脚	模块引脚
1	D10	ENA
2	D11	ENB
3	D12	IN1、IN2
4	D13	IN3、IN4
5	A0	红外寻迹2信号线
6	A4	红外寻迹1信号线
7	A3	红外避障信号线
8	5 V	红外 VCC
9	GND	红外 GND
10	D7	舵机1信号线
11	D8	舵机2信号线

(4)编程原理。模拟物流车,按规定路线进行货物识别搬运,如图 5.6 所示。利用红外寻迹传感器识别黑线,并进行跟踪;当红外避障传感器读取到前方有物料块时,启动机械臂进行夹取;接着继续寻黑线前行到终点的篮子处,放下物料块。

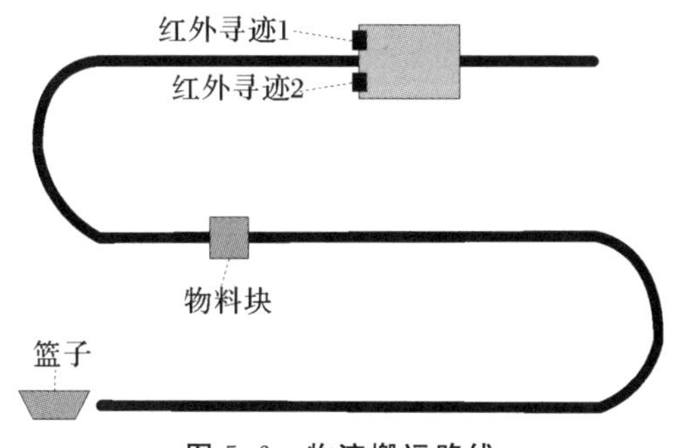

图 5.6　物流搬运路线

两个红外寻迹传感器的读数和物流车的运行情况如表 5.5 所示。

表 5.5　红外寻迹传感器真值表

红外寻迹 1(右)	红外寻迹 2(左)	物流车状态	动　作
1	1	前行	保持
1	0	右偏	左转
0	1	左偏	右转

(5)程序设计示例。

```
#include <Servo.h>


int E1 = 10;
int E2 = 11;      //定义 PWM 引脚
int M1 = 12;
int M2 = 13;    //定义 2 个控制端
int L = 14;       //设置左边传感器引脚
int R = 18;       //设置右边传感器引脚
int S = 17;       //设置红外避障传感器引脚
Servo pin7;     //控制机械臂抬放
Servo pin8;     //控制机械爪开合
int LH, RH, i, j = 0;       //左红外、右红外数值, i 为舵机度数参数,j 为识别次数
void forward ();
void stop ();
void left ();
void right ();
```

```
void up ();
void down ();
void open ();
void close ();

void setup ()
{
  Serial.begin (9600);
  pinMode (M1, OUTPUT);
  pinMode (M2, OUTPUT);    //定义接口为输出型
pinMode (L, INPUT);
pinMode (R, INPUT);
  pin7.attach (7);
  pin8.attach (8);
}

void loop ()
{
  HL = digitalRead (L);
  HR = digitalRead (R);
  up ();         //初始化机械臂抬起
  open ();       //初始化机械爪打开
  //红外避障传感器第一次遇到的障碍物为物料块,控制机械臂夹取
if ( (digitalRead (S) == LOW) && (j == 0) )
{
  j++;
  stop ();
  delay (500);
  down ();
  close ();
  up ();
  delay (500);
  forward ();
}
  //红外避障传感器第二次遇到的障碍物为篮子,控制机械臂放下物料块
```

```
  if ( (digitalRead (S) == LOW) && (j == 1) )
{
  j++;
  stop ();
  delay (500);
  down ();
  open ();
  up ();
}
  //两个传感器都读白色,均输出高电平,直行
if ((HL == HIGH) && (HR == HIGH))
  {
    forward ();
  }
//左边传感器读白色(高电平),右边传感器读黑色(低电平),小车左偏,向右转
  if ((HL == HIGH) && (HR == LOW))
  {
    right ();
    delay (1000);
  }
//左边传感器读黑色(低电平),右边传感器读白色(高电平),小车右偏,向左转
  if ((HL== LOW) && (HR == HIGH))
  {
    left ();
    delay (1000);
  }
}

void forward ()
{
digitalWrite (M1, HIGH);    //电机 A 正转
digitalWrite (M2, HIGH);    //电机 B 正转
analogWrite (E1, 200);
analogWrite (E2, 200);
}
```

```
void stop ()
{
  digitalWrite (M1, HIGH);
  digitalWrite (M2, HIGH);
  analogWrite (E1, 0);          //电机 A 速度为 0
  analogWrite (E2, 0);          //电机 B 速度为 0
}

void right ()
{
  digitalWrite (M1, HIGH);
  digitalWrite (M2, HIGH);
  analogWrite (E1, 100);          //电机 A(右轮)的 PWM 为 100
  analogWrite (E2, 200);          //电机 B(左轮)的 PWM 为 200
}

void left ()
{
  digitalWrite (M1, HIGH);
  digitalWrite (M2, HIGH);
  analogWrite (E1, 200);          //电机 A(右轮)的 PWM 为 200
  analogWrite (E2, 100);          //电机 B(左轮)的 PWM 为 100
}

void up ();
{
  for (i=90; i<=130; i=i+2)  //上抬,从 90°转到 130°,一次转动 2°
  {
  pin7. write( i );
  delay (50);
  }
}

void down ();
```

```
{
  for (i=130; i>=90; i=i-2)  //下放,从 130°转到 90°,一次转动 2°
  {
  pin7.write( i );
  delay (50);
  }
}

void open ();
{
  for (i=50; i>=40; i--)  //打开,从 50°转到 40°,一次转动 1°
  {
  pin8.write( i );
  delay (50);
  }
}

void close ();
{
for (i=40; i<=50; i++)        //关闭,从 40°转到 50°,一次转动 1°
  {
  pin8.write( i );
  delay (50);
  }
}
```

5.2　仿生爬虫电路设计与实践

5.2.1　实例功能简介

本小节从电路板设计与制作的角度说明 6 足仿生爬虫的设计过程及方法,其电源模块、舵机模块、通信模块的电路板原理如图 5.7 所示。本节中并未涉及高深算法来让机器人自身保持平衡,而是通过 PC 调式软件,对 6 足仿生机器人进行调试。

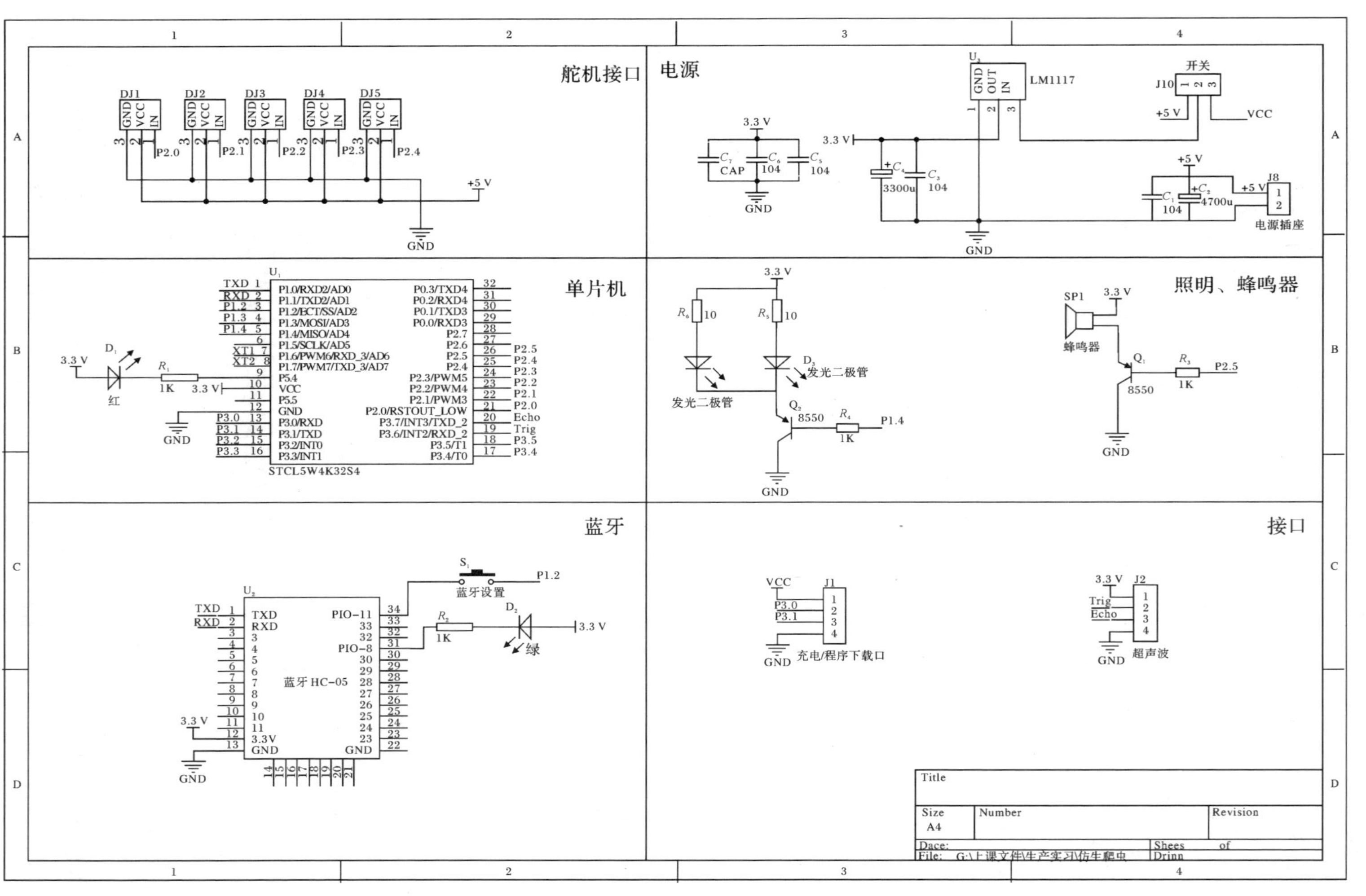

图5.7 6足仿生爬虫电路原理图

5.2.2　器材列表

本实例使用到的器材如表 5.6 所示。

表 5.6　仿生爬虫电路器材

序　号	元　件	型　号	数　量	位　号	封　装
1	单片机	Stc8f2k16s2	1	U_1	STC15W
2	贴片电阻	1K	4	R_1、R_2、R_3、R_4	0805
3	贴片电阻	10	2	R_5、R_6	0805
4	贴片电阻	Res2	1	S_1	0805
5	贴片电容	104	4	C_1、C_3、C_5、C_6	0805
6	贴片三极管	8550(Y2)	2	Q_1、Q_2	SOT－23B－N
7	贴片发光二极管	红、蓝	2	D_1 红、D_2 蓝	0805
8	3.3 V 稳压管	LD33	1	U_3	LM1117
9	USB 插座		1	USB	USB
10	直插式发光二极管	白色	2	D_3、D_4	LED－1
11	蓝牙模块	HC－05	1	U_2	HC－05
12	蜂鸣器	有源蜂鸣器	1	SP1	蜂鸣器
13	锂电池充放电模块		1	BT－05	
14	舵机插针		5	DJ1～DJ5	HDRIX4
15	超声波插座		1	J2	
16	电解电容	3300u	1	C_4	
17	电解电容	4700u	1	C_2	
18	波段开关		1	J10	
19	铜柱和螺栓		4		
20	电源插座		1	J8	HDRIX2

5.2.3　电路板设计

一般一个完整的 PCB 设计工程项目包含五个文件：工程文件.PrjPCB、原理图文件.SchDoc、PCB 文件.PcbDoc、原理图库文件.SchLib、PCB 元件库文件.PcbLib，如图 5.8 所示。

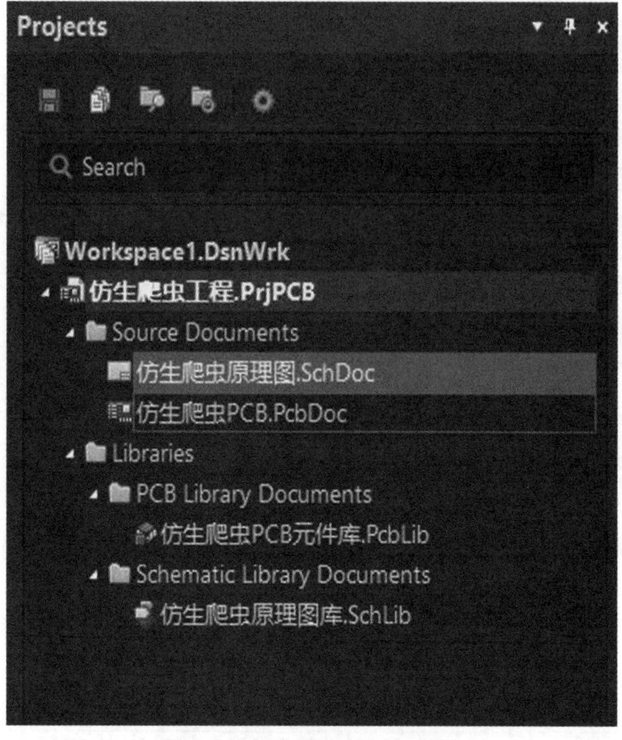

图 5.8 一个完整的工程目录

(1)创建工程文件。在菜单栏中,单击执行“文件”→“新的”→“项目”→“PCB 工程”命令,新建一个工程文件,建立好之后随即进行保存,如图 5.9 所示。

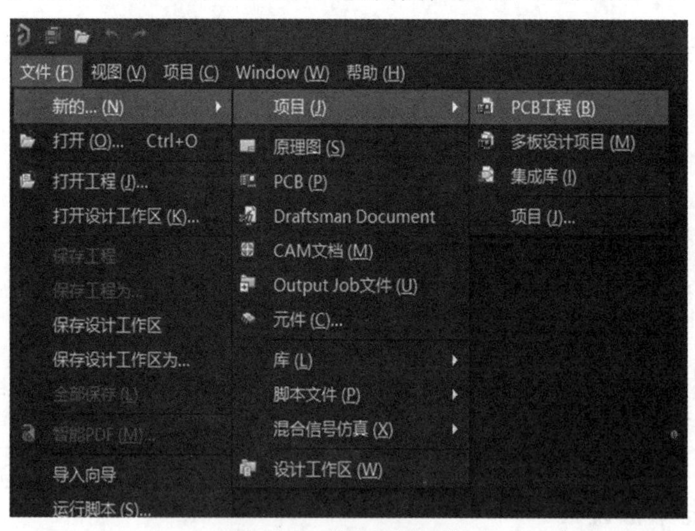

图 5.9 创建工程文件

(2)创建原理图文件。在菜单栏中,单击执行“文件”→“新的”→“原理图”命令,新建一个原理图文件,建立好之后随即进行保存,保存时弹出的默认路径即为工程文件下的路径,如图 5.10 所示。

(3)创建 PCB 文件。在菜单栏中,单击执行“文件”→“新的”→“PCB”命令,新建一个 PCB 文件,建立好之后随即保存至工程文件路径下,如图 5.11 所示。

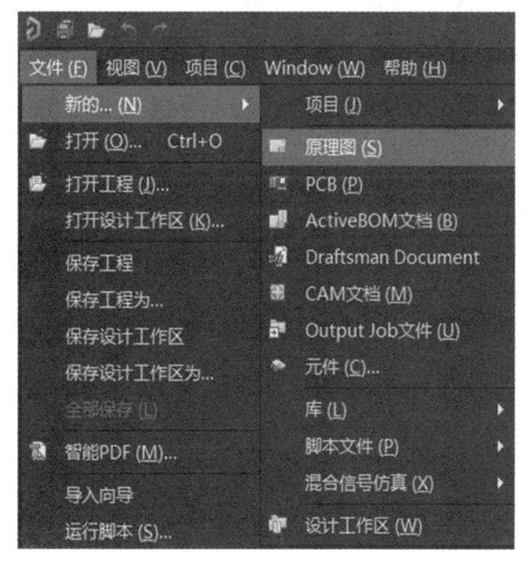

图 5.10　创建原理图文件

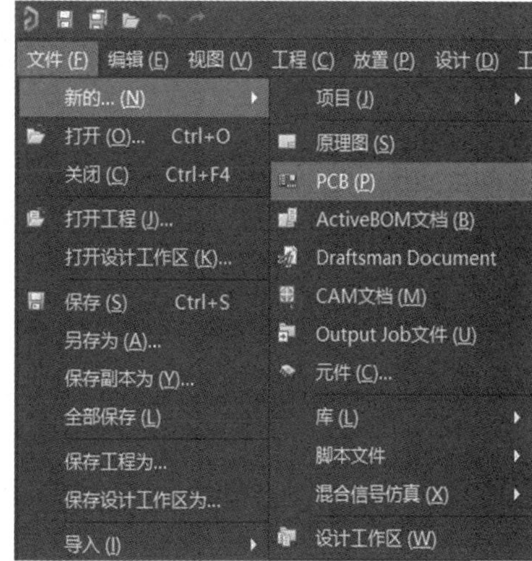

图 5.11　创建 PCB 文件

(4)创建原理图库文件。在菜单栏中,单击执行“文件”→“新的”→“库”→“原理图库”命令,新建一个原理图库文件,建立好之后随即保存至工程文件路径下,如图 5.12 所示。

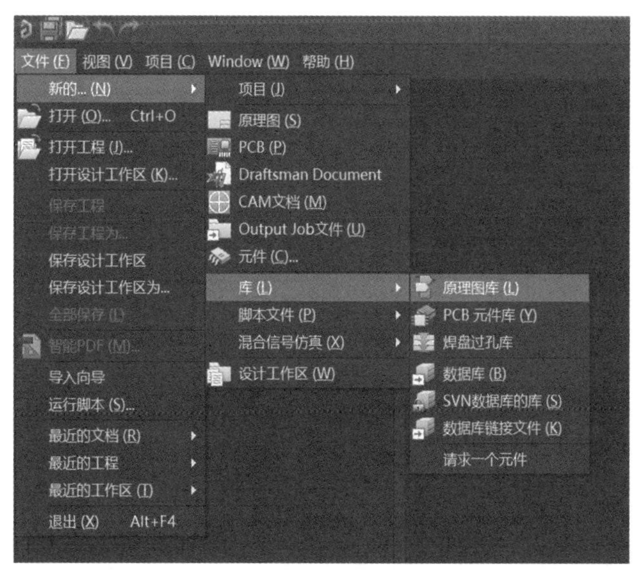

图 5.12　创建原理图库文件

(5)创建 PCB 元件库文件。在菜单栏中,单击执行“文件”→“新的”→“库”→“PCB 元件库”命令,新建一个 PCB 元件库文件,建立好之后随即保存至工程文件路径下,如

图5.13所示。

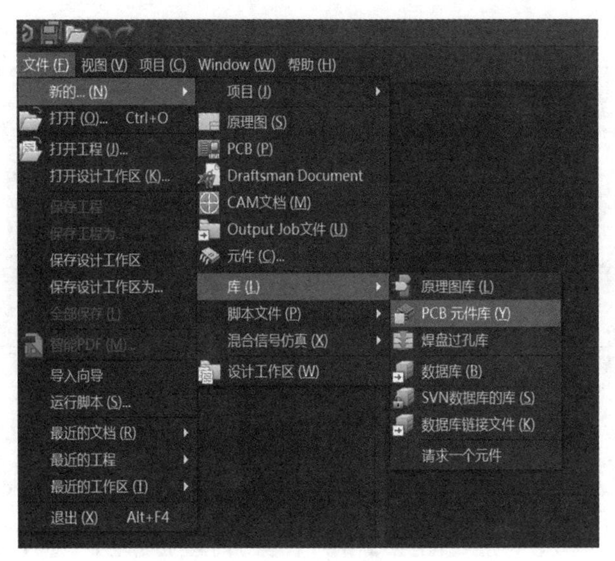

图 5.13 **创建** PCB **元件库文件**

5.2.4 原理图符号的绘制方法

原理图符号是表征元器件电气特性的一种符号，一般由三部分组成：表示元器件的电气功能或几何外形的示意图、元器件引脚和必要的注释，如图 5.14 所示。

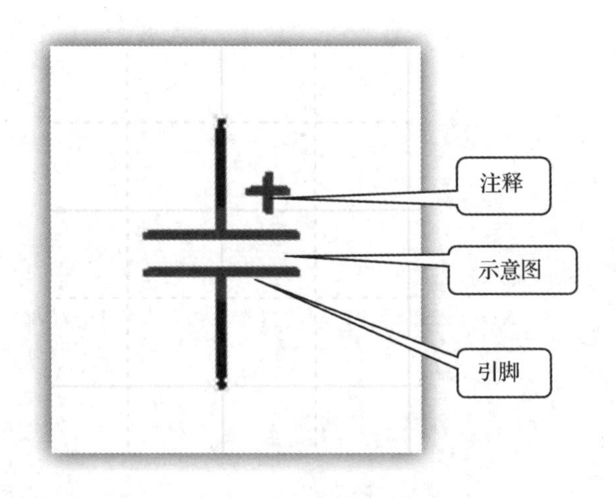

图 5.14 **原理图符号**

根据原理图符号的组成要素，按照设计流程，即可完成原理图符号的制作，如图5.15所示。仿生爬虫电路中包含舵机接口、蓝牙模块 HC－05、线性稳压器 LM1117 三个自制元件符号。下面，以蓝牙模块 HC－05 为例，详细介绍元器件符号及封装的绘制方法。

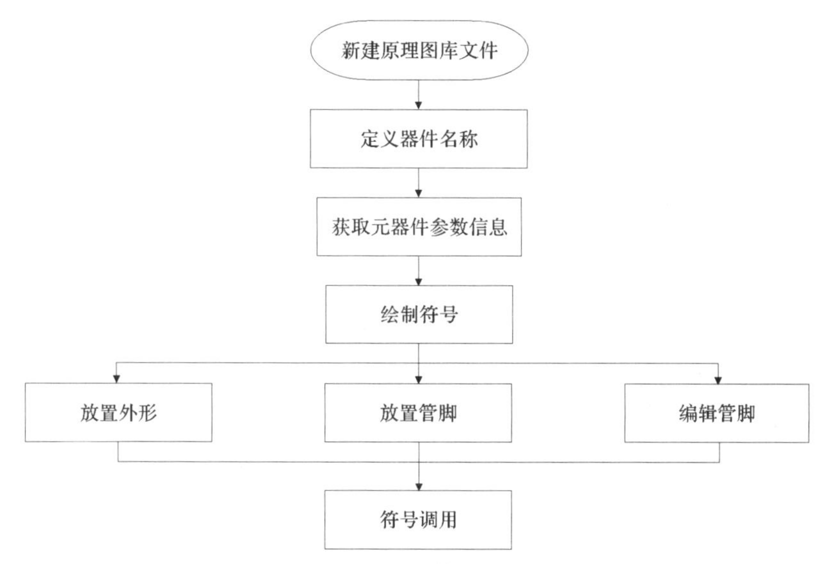

图 5.15　原理图符号制作流程

进入原理图库编辑器工作界面，在原理图库内打开“SCH Library”面板，此时会发现已存在一个自动命名为“Component_1”的元件，双击打开“Component_1”，如图 5.16 所示。进入属性面板（见图 5.17），进行如下操作：

(1)【Design Item ID】栏：标明元器件名称。此处输入新元件名称“蓝牙 HC－05”。

(2)【Designator】栏：元件标识符，用来标注元器件在原理图中的序号。此处将元器件标识符设置为 U1。

(3)【Comment】栏：标注元器件类型、型号或参数。此处输入新元件名称“HC－05”（元件无特殊标注，输入其名称）。

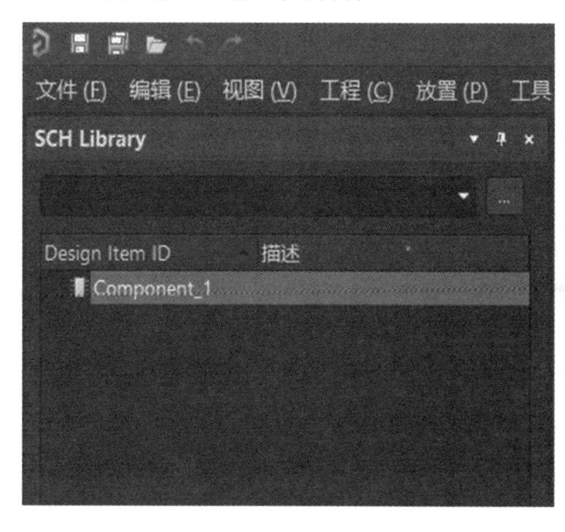

图 5.16　“SCH Library”面板

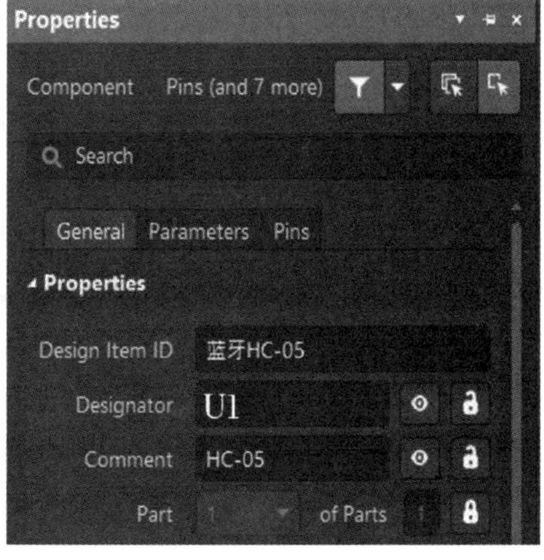

图 5.17　属性面板

在开始绘制之前需要先了解所要绘制的元器件信息，如表 5.7 所示。

表 5.7　引脚功能表

引脚序号	引脚名称	引脚序号	引脚名称	引脚序号	引脚名称
1	TXD	13	GND	25	25
2	RXD	14	14	26	26
3	3	15	15	27	27
4	4	16	16	28	28
5	5	17	17	29	29
6	6	18	18	30	30
7	7	19	19	31	PIO-8
8	8	20	20	32	32
9	9	21	21	33	33
10	10	22	GND	34	PIO-11
11	11	23	23		
12	3.3 V	24	24		

了解过该芯片引脚及其相应功能后，开始绘制其电器符号。首先，使用工具栏中的矩形工具来绘制其外形，如图 5.18 所示。元器件的示意图主要用来表示元器件的功能或者是元器件的外形，不具备任何电气意义，因此，在绘制元器件的示意图时可绘制任意形状的图形，但是必须本着美观大方和易于交流的原则。

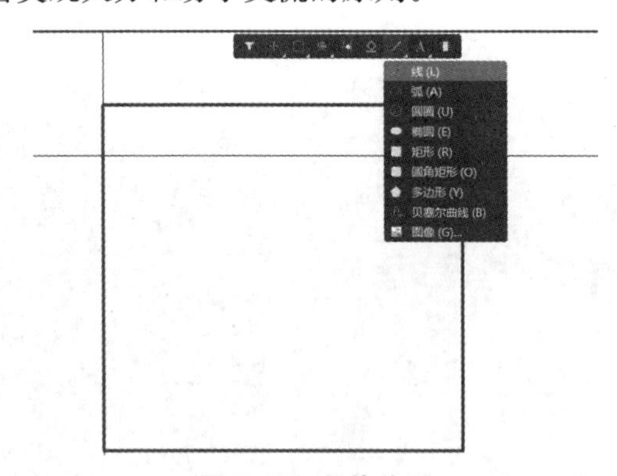

图 5.18　芯片外形

然后，放置引脚并编辑参数。引脚是元件的核心部分，由引脚名称和引脚序号组成，其中，引脚名称用来提示引脚功能，引脚序号用来区分各个引脚。双击引脚进入引脚属性面板进行属性编辑，如图 5.19 所示。

(1)【Designator】栏：编辑引脚序号。

(2)【Name】栏:编辑引脚功能。

在放置引脚时,注意其电气节点一定要朝外放置;引脚序号必须和元器件封装焊盘的序号相对应,其尺寸没有硬性的要求,只要功能完备、直观明了即可。

最后,将所放置的 34 个引脚按照表 5.7 中的信息分别编辑好相应的功能,绘制完成,如图 5.20 所示。

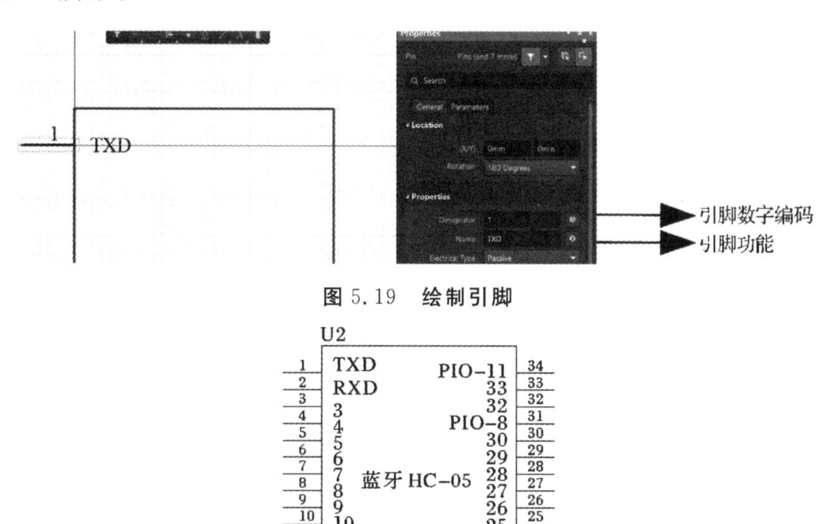

图 5.19　绘制引脚

图 5.20　芯片元件

图 5.21 所示是一个 3.3 V 的线性稳压器 LM1117,根据表 5.8 所示的器件参数制作其原理图符号,如图 5.22 所示。

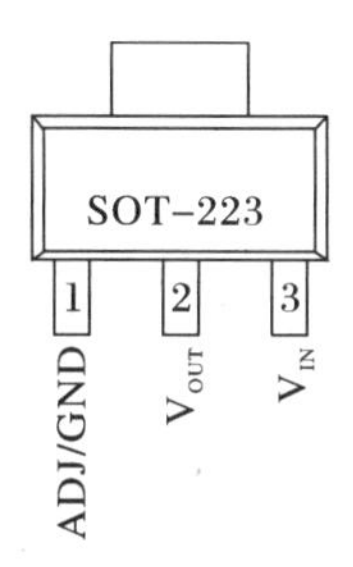

图 5.21　3.3 V 线性稳压器 LM1117　　　**图 5.22　稳压器原理图符号**

表 5.8　器件管脚参数

引脚序号	引脚名称	功　能
1	GND	接地
2	OUT	输出电压
3	IN	输入工作电压

根据图 5.23 所示的舵机引脚接线图中器件引脚参数制作其原理图符号,如图 5.24 所示。

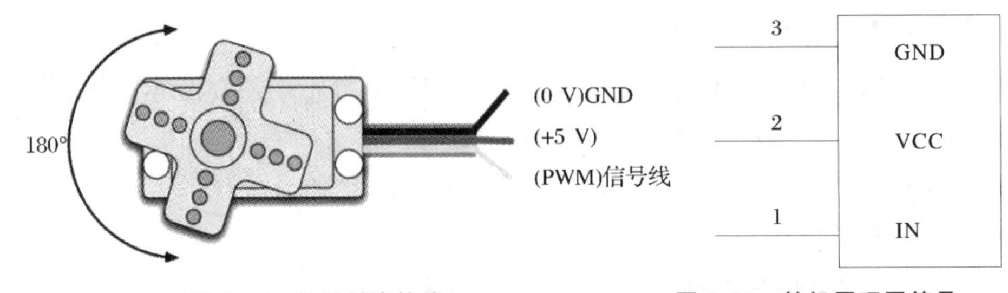

图 5.23　舵机引脚接线　　　　图 5.24　舵机原理图符号

5.2.5　原理图设计

电路原理图的绘制是电路设计中最为基础的一部分。原理图的设计需要与实际要实现的电路要求及元器件参数相匹配，这样才可以制作出一张满足实际需求的电路板原理图，设计流程如图 5.25 所示。

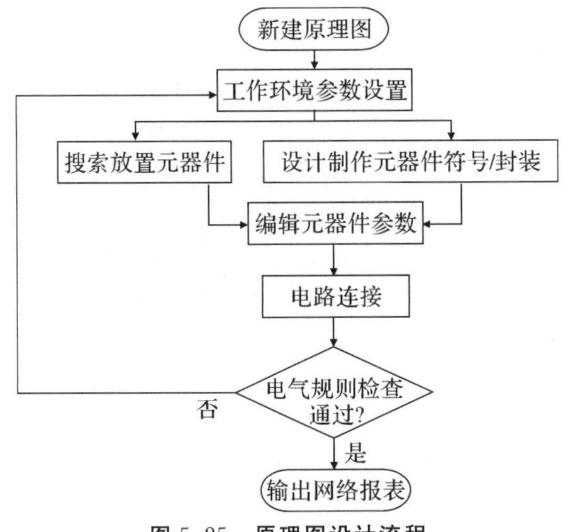

图 5.25　原理图设计流程

(1)新建原理图:新建一张原理图文件并保存在对应工程当中。

(2)搜索放置元器件:根据所要设计制作的电路要求，在系统元器件库或自制元件库中进行元器件搜索并放置在原理图上。

(3)编辑元器件参数:所放置的元器件需要根据元器件参数进行属性编辑，一般包括标识符、注释、标称值和封装。

(4)电路连接:所有元器件都已放置并进行属性编辑后，即可根据电路的设计要求将元器件连接成完整电路。

(5)电气规则设置(编译):绘制好的原理图在进入 PCB 设计阶段之前需要通过编译纠错，一般采用电气规则检查 (Electrical Rule Check，ERC)。

1. 新建原理图

这一部分在 5.2.1 节创建工程中已进行介绍，在此不再赘述。

2. 参数设置

(1)绘制图纸选择。在原理图设计当中,一般电路的绘制图纸尺寸选择为 A4 即可,如图 5.26 所示。

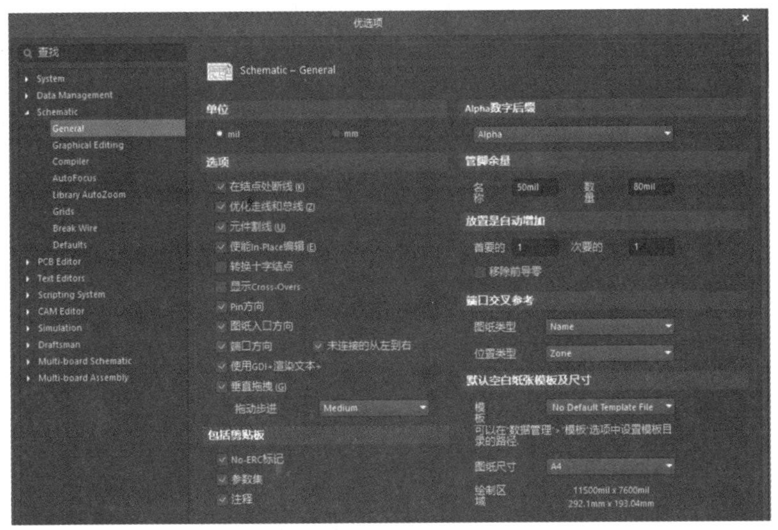

图 5.26　绘制图纸选择

(2)栅格选择。栅格显示有点栅格(Dot Grid)和线栅格(Line Grid)两种,为方便布局连线,使绘图更加规整,一般选择线栅格。栅格颜色一般默认为灰色,如有特殊要求,可进行调整,如图 5.27 所示。

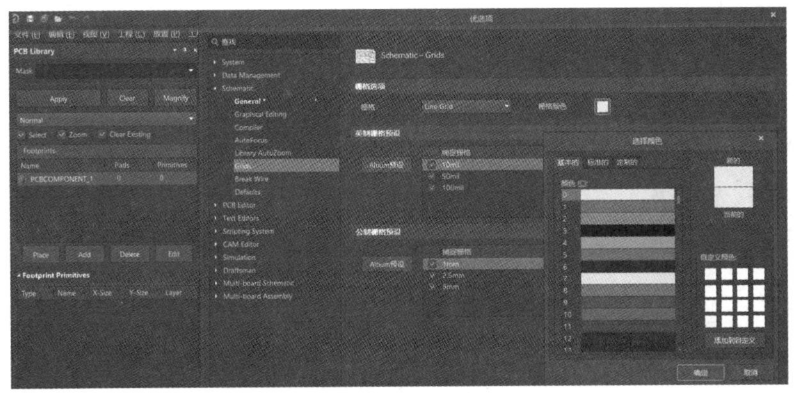

图 5.27　栅格选择

3. 搜索放置元器件

在原理图中放置元器件时,需要根据各个元器件符号名称在元器件库或自制元件库中进行搜索调用。下面以 Res2 电阻及自制的蓝牙模块 HC－05 为例,介绍如何在元器件库中搜索调用元器件。

首先,在“库”窗口面板的元件库下拉列表中选择“Miscellaneous Devices. InLib”(通用库),日常使用的元器件都可以在这个库中搜索到,其中 Res2 电阻元器件也在其中。然后,在下方的搜索栏中输入原理图符号名称“Res2”,此时该电阻元器件便被搜索出来了，如图 5.28 所示。

蓝牙模块 HC－05 是在原理图库文件中自制的元器件符号，它的调用方式除了从原理图库编辑器中直接放置到原理图编辑器之外，也可在原理图编辑器中进行搜索放置。在“库”窗口面板的元件库下拉列表框中选择“仿生爬虫原理图库.SchLib”文件，在下方的“设计条目”当中就可以看见该库中所有的元器件，如图 5.29 所示。

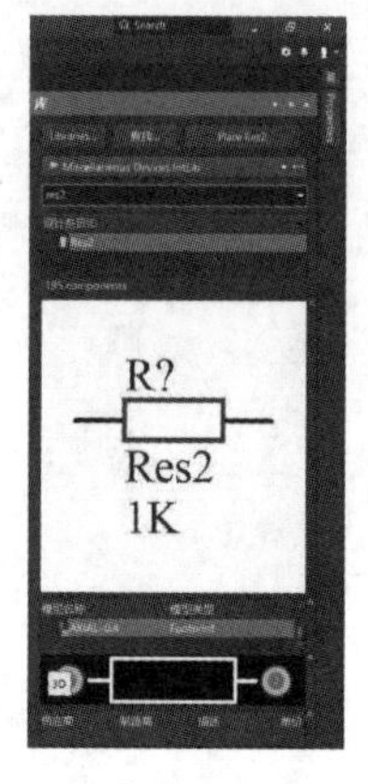

图 5.28　**搜索 Res2 电阻**

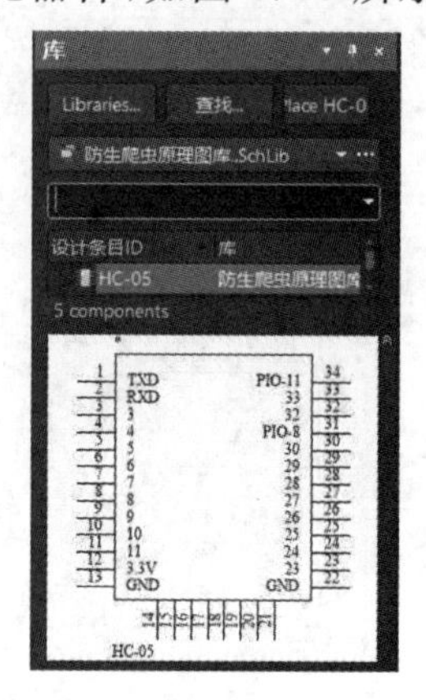

图 5.29　**搜索蓝牙模块 HC－05**

元器件被搜索出来后，在“设计条目”当中双击该元器件符号名称即可将其放置到图纸当中，如图 5.30 所示。

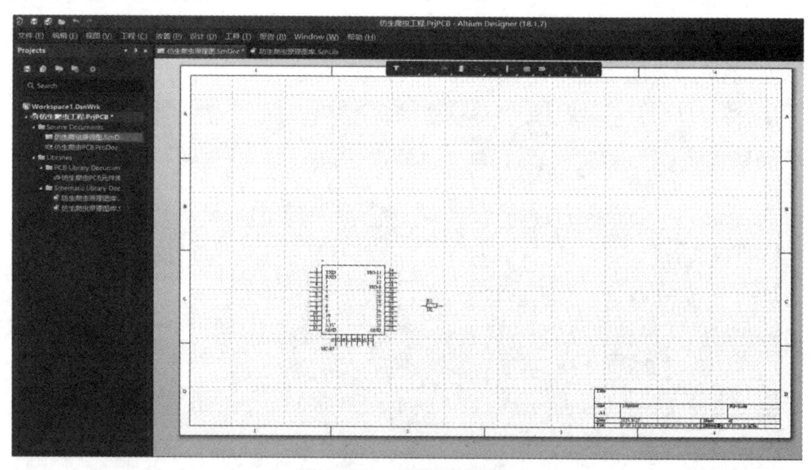

图 5.30　**放置元器件**

4. 元器件的复制粘贴

绘制原理图时，可能会存在一些同类型型号的元器件，这时候可对已经放置好的元器件进行复制编辑，而无须到元件库中再次搜索，如图 5.31 所示。元器件的复制粘贴有如下 4 种方式：

(1)左击选择元器件，在菜单栏中点击“编辑”→“复制”，在图纸上右击“粘贴”。

(2)右击想要复制的元器件，选择“Copy”，右击“Paste”。

(3)左击想要复制的元器件，通过快捷键“Ctrl＋C”和“Ctrl＋V”进行复制和粘贴。

(4)长按键盘“Shift”键,同时左击拖动想要复制的元器件。

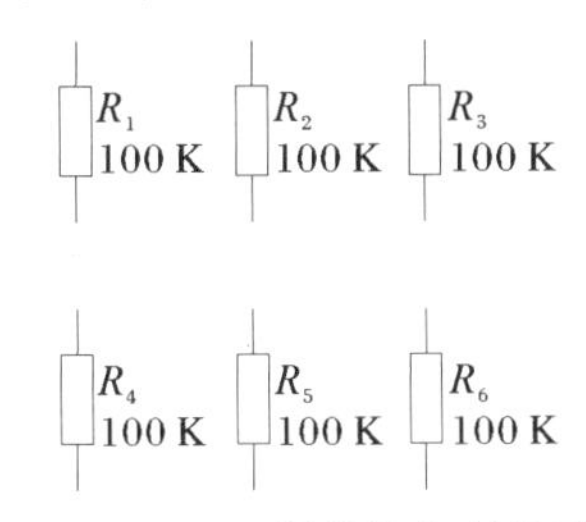

图 5.31　元器件的复制粘贴

5. 元器件删除及参数设置

对于多余的或编辑错误的元器件,选中或者框选相应元器件,单击键盘上的“Delete”键,即可将其删除。在元器件没有放置的状态下,单击键盘上的“Tab”键,打开“属性”(Properties)面板,如果元器件已放置在图纸上,则可通过双击该元器件进行编辑,编辑内容包括:

(1)【Designator】栏:用来标注元器件在原理图中的序号。

(2)【Comment】栏:标注元器件类型、型号或参数。例如:电阻功率、封装尺寸或者电容的容量、公差、封装尺寸等,也可以是芯片的型号。用户可自己随意修改元器件的注释并且不会发生电气错误,若无须提示,一般直接将其隐藏。

(3)【Value】栏:输入元器件的参数值。

(4)【Footprint】栏:选择、编辑或添加元器件封装型号。

以 Res2 电阻为例,元件标识符为 R1,隐藏其注释,封装选择 AXIAL－0.4(需根据实际使用情况进行选择),标称值为 1 kΩ,如图 5.32 所示。

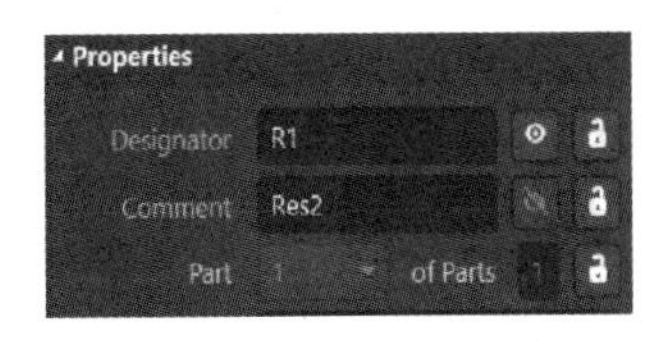

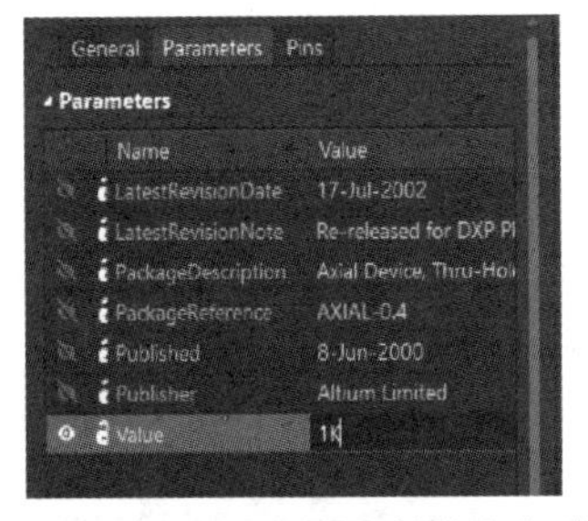

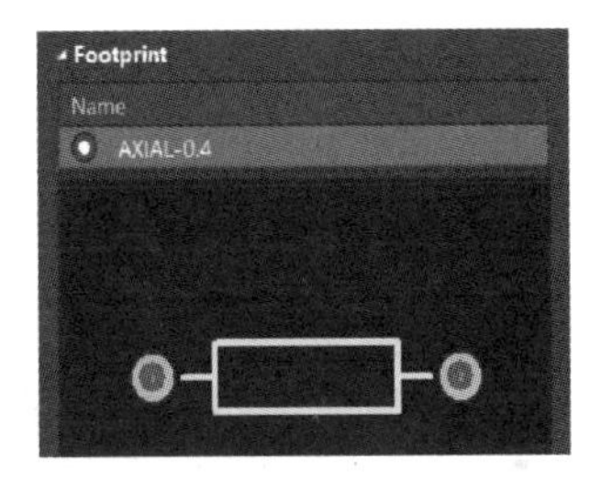

图 5.32　标识符、注释、封装和标称值

6. 电路连接

导线具备电气特性,故称之为电气连接线,它是将元器件连接为电路的最基本的组件之一。调用导线有以下 4 种方式:

(1)在菜单栏中点击“放置”→“线”,此时鼠标箭头出现十字光标,导线已调用。

(2)在原理图纸界面上右击选择“放置”→“线”,可调用出电气连接线。

(3)软件界面上方有悬挂工具栏,在工具栏中单击“放置线”,可调用出电气连接线。

(4)使用快捷键“P＋W”“Ctrl＋W”均可放置电气连接线。

进入绘制导线状态后，光标变成十字形状，将光标移到要绘制导线的起点，当光标靠近元器件引脚时，光标会自动吸附到元器件的引脚上，同时出现一个红色的“×”号，表示此处为此管脚的电气连接点，单击鼠标左键确定导线起点，拖拉导线前行至与之相连的电气连接点处，再次单击鼠标左键确定导线终点，绘制结束后点击 Esc 退出连接，如图 5.33 所示。

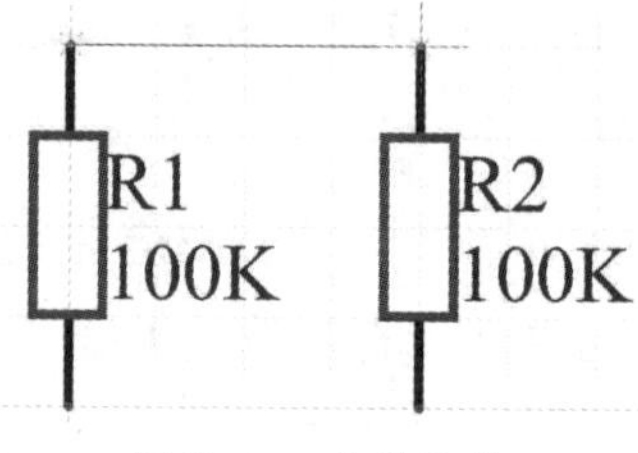

图 5.33　电路连接

在原理图绘制过程中，元件之间的电气连接除了使用导线外，还可以通过设置网络标签来实现。网络标签实际上是一个电气连接点，具有相同网络标签的电气连接表明是连在一起的。网络标签主要用于层次原理图电路和多重式电路中的各个模块之间的连接。也就是说，定义网络标签的用途是将两个和两个以上没有相互连接的网络命名为相同的网络标签，使它们在电气含义上属于同一网络。在连接线路比较长或线路走线复杂时，使用网络标签代替实际走线会使电路图简化。

调用网络标签有以下 4 种方式：

(1)在菜单栏单击“放置”→“网络标签”命令。

(2)在工具栏中的“线”按钮上单击鼠标右键，在弹出的如图 5.34 所示的快捷菜单中单击“网络标签”命令。

(3)单击鼠标右键并在弹出的快捷菜单中单击“放置”→“网络标签”命令。

(4)使用“P＋N”快捷键。

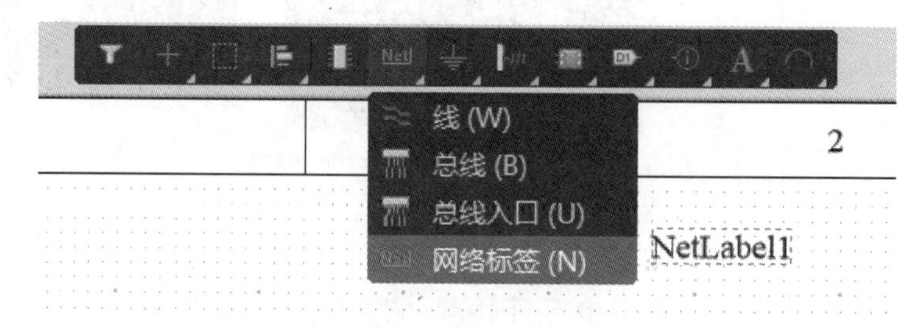

图 5.34　快捷工具栏

启动放置网络标签命令后，光标将变成十字形，并出现一个虚线方框悬浮在光标上。此方框的大小、长度和内容由上一次使用的网络标签决定。将光标移动到放置网络名称的位置(导线或总线)，光标上出现红色的“×”，单击鼠标就可以放置一个网络标签，如图 5.35 所示。

为了避免以后修改网络标签的麻烦，在放置网络标签前，需要按“Tab”键，设置网络标签的属性。按“Tab”键打开“网络标签”对话框或者在网络标签放置完成后，双击网络标签，打开“Properties”(属性)面板，在“Net Name”(网络名称)处定义网络标签。可以在文本框中直接输入想要放置的网络标签，也可以单击后面的下拉按钮选取使用过的网络标签，如图 5.36 所示。

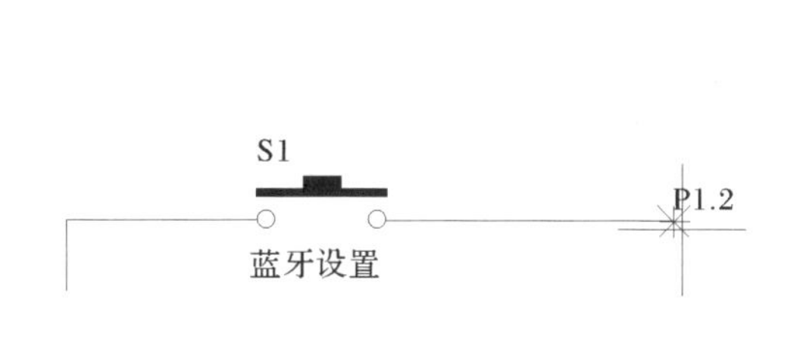

图 5.35　网络标签

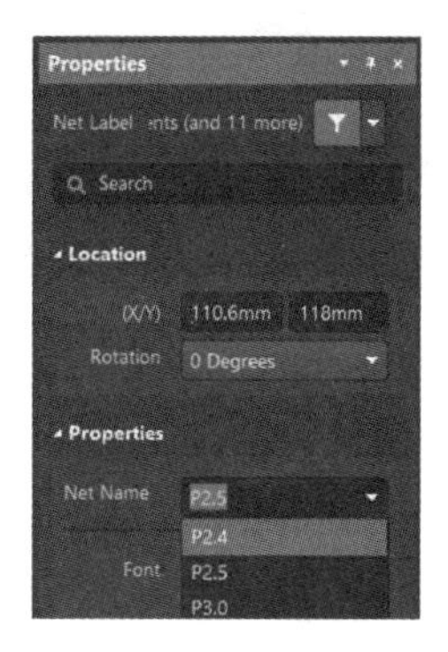

图 5.36　设置网络标签属性

移动鼠标到其他位置，继续放置网络标签(放置完第一个网络标签后不右击)。如果在放置网络标签的过程中网络标签的末尾为数字，那么这些数字会自动增加。

放置完毕，右击或按“Esc”键退出放置网络标签状态。

7. 电气规则检查

原理图设计是设计制作一张印制电路板最基础的部分，按照设计流程，后续还要进行 PCB 设计。由于电路的复杂性，原理图绘制完成后可能存在一些单端网络、电气开路等电气连接问题，如果不将这些错误一一更正就进行 PCB 设计，所制作出的印制电路板可能因为这些错误的存在而无法投入使用，因此，原理图制作完成后，需要将绘制好的电路原理图进行电气规则检查，这项检查是从原理图顺利转换为 PCB 制作的关键步骤。

ERC 可以对原理图的一些电气连接特性进行自动检查。在菜单栏执行“工程”→“Compile PCB Project 仿生爬虫工程_Projectl. PrjPCB”命令，如图 5.37 所示。

图 5.37　电气连接特性自动检查

检查后的错误或警告信息将呈现在“Panels”→“Messages”窗口中，双击“Messages”中的

“warning”或“Error”错误信息时，原理图中错误位置处就会被放大并且高亮显示，此时可以双击错误信息进行错误定位，读取“Messages”中的错误信息提示对原理图进行更正，将所有必要修改的“warning”和“Error”修改完毕后，保存原理图，然后再次进行ERC，查看原理图是否还存在问题，直到“Messages”中提示没有找到错误，即表示通过了电气规则检查(编译)，如图 5.38 所示。

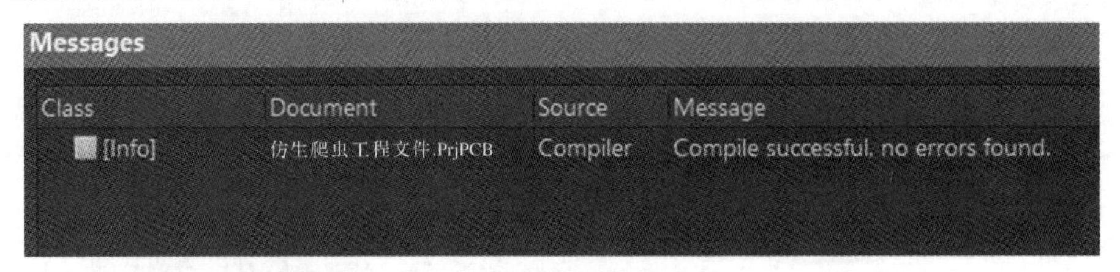

图 5.38　原理图编译成功

常见问题及解决方法如下：

(1)原理图中放置的元器件中，有的出现了红色的波浪线警告提示，如图 5.39 所示。

解决办法：若出现红色波浪线，在最后原理图编译时会出现报错，这样的警告一般是成对出现的，警告原因是由于图中的元器件标识符重复。图 5.39 中两个电阻的元件标识符均为 R_4，对其中任意一个电阻重新编辑标识符即可消除警告提示。

(2)连接两个引脚时导线上出现节点，如图 5.40 所示。

解决办法：出现这种情况的原因是导线连接时没有捕捉到连接引脚的电气连接点，此时缩短该导线至引脚电气节点处或者删除后重新连接即可。

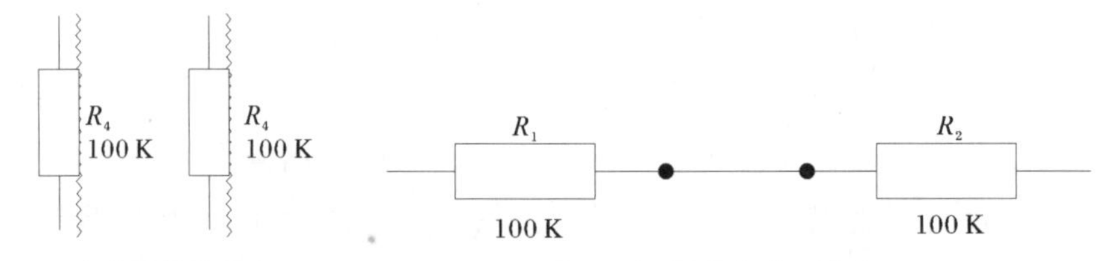

图 5.39　波浪线警告提示　　图 5.40　导线上出现节点

(3)搜索放置元器件时，找不到“库”窗口。如果软件中的一些窗口关闭找不到了，有如下两种方法可以将其再次打开。

1)执行菜单栏“视图”→“面板”命令，即可将其打开。

2)在软件界面右下角“Panels”(面板)中也可找到各个窗口面板，如果右下角没有出现“Panels”(面板)，可以使用快捷键“V+S”将其打开。

(4)放置元器件时，想将元器件之间的位置调小一些却发现挪到一定程度就挪不动了，或者无法将它们对齐。

解决办法：出现这种情况是栅格设置的问题，将其设置小一些即可。将输入法切换至英文模式，按下快捷键“G”，即可在软件默认的 10 mil、50 mil、100 mil(1 mil＝

0.025 4 mm)之间进行切换。如果觉得默认的栅格大小还是不合适,可自行设置,执行菜单栏“视图”→“栅格”→“设置捕捉栅格”命令进行修改,如图 5.41 所示。

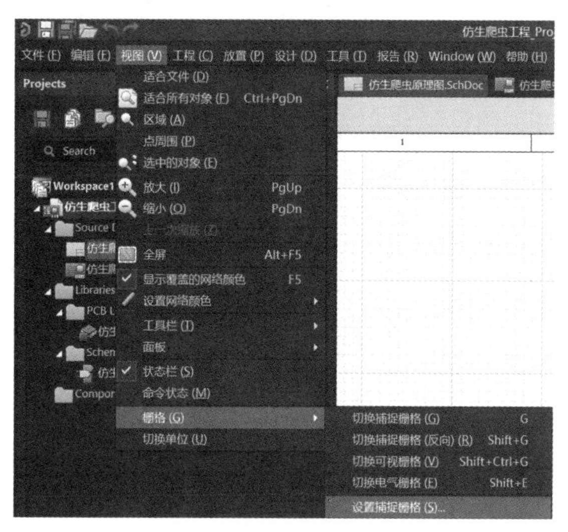

图 5.41　**栅格设置**

(5)绘制完原理图,进行编译时发现菜单栏“工程”选项中没有“Compile PCB Project”选项。出现这个问题一般有以下两种原因:

1)所建立的原理图文件没有放置在工程文件下。原理图文件是一个自由文档(Free Documents),如图 5.42 所示,将其移动到其工程下即可。如没有工程文件,应新建工程文件,然后将其放入。

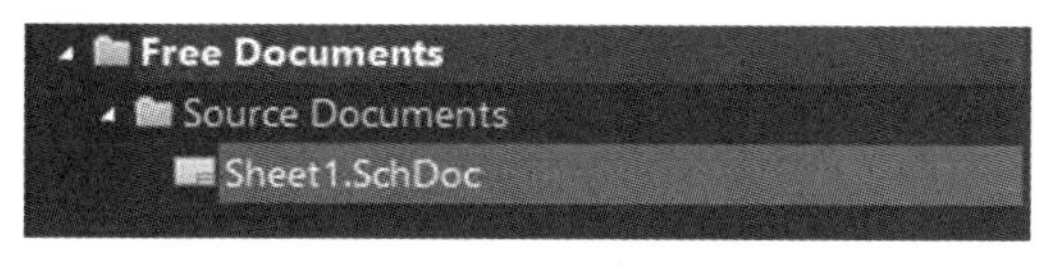

图 5.42　**原理图文件位置检查**

2)原理图文件或工程文件没有保存。若工程文件和原理图文件名后出现一个“*”(红色标识),就表明该文件处于未保存的状态,如图 5.43 所示,这时我们将其保存后再进行编译即可。

图 5.43　**文件未保存**

(6)原理图编译的时候出现“Off grid pin…”的错误提示。之所以出现这样的错误提示,是因为绘制对象没有处在栅格点的位置上。

解决办法:找到报错的元件,单击鼠标右键,在弹出的快捷菜单中执行“对齐”→“对齐到栅格上”命令，将元件对齐到栅格上即可。也可以执行菜单栏中“工程”→“工程选项”命令，在“Error Reporting”报错选项中设置“Off grid object”为“不报告”。

(7)原理图编译时出现“Object not completely within sheet boundaries”警告。

解决办法：元件超出了原理图图纸的范围，在原理图图纸外空白区域双击鼠标左键，在弹出面板的“Formatting and Size”栏下的“Sheet Size”下拉列表中修改图纸大小即可。

5.2.6 PCB 设计

在 5.2.5 节中，我们已经完成了仿生爬虫电路原理图的绘制，为接下来的 PCB 设计奠定了良好的基础。PCB 是产品实现的物理载体，其设计质量直接关系到产品的技术性能，因此，按照一定的规范和规则设计 PCB 是保障产品质量的前提，设计印制电路板的基本设计流程如图 5.44 所示。

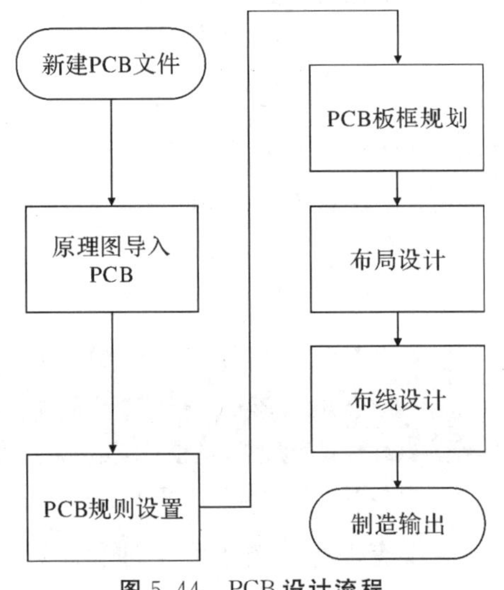

图 5.44 PCB 设计流程

1. 仿生爬虫设计规则要求

(1)板子规格：47 mm×47 mm。

(2)线宽规则(见表 5.9)。

表 5.9 线宽规则

名 称	线宽/mm
VCC	0.5
GND	0.5
其他	0.35

2. 元器件封装的载入

利用上一节绘制好的仿生爬虫电路原理图可以进行网络及元器件封装的载入，从而直接生成 PCB 图。将原理图导入 PCB 文件中时有两个必须满足的条件：

(1)工程项目完整且所有文件都已保存。

(2)原理图文件已经通过电气规则检查(编译)。

满足这两个条件后便可将原理图导入 PCB 文件，导入 PCB 中的内容包括元器件封装及网络。原理图导入生成 PCB 的步骤如下：

(1)在原理图界面的菜单栏中执行“设计”→“Update PCB Document 仿生爬虫 PCB. PcbDoc”命令，如图 5.45 所示。

图 5.45　**原理图导入生成 PCB**

系统将对原理图中所有的内容进行汇总，然后显示在弹出的“工程变更指令”窗口中，如图 5.46 所示。

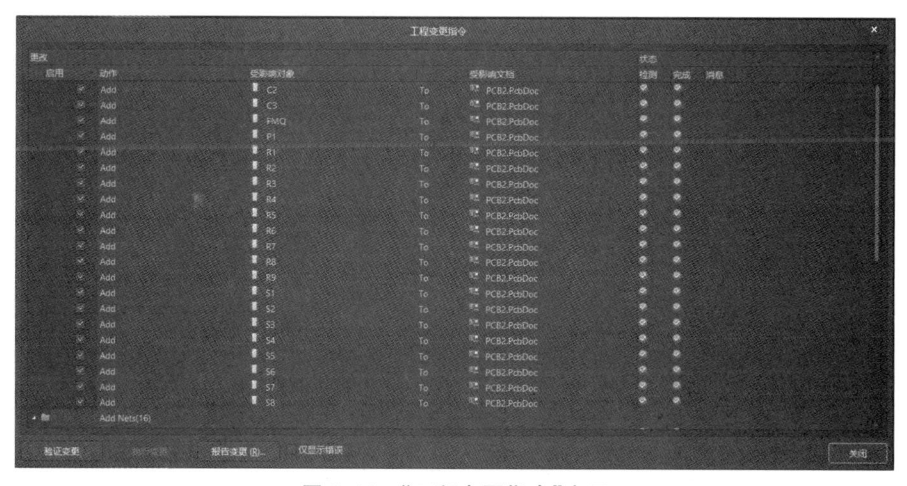

图 5.46　**“工程变更指令”窗口**

(2)单击“执行变更”按钮，系统将完成设计数据的导入，当每一项的“状态”→“检测”和“完成”栏中都显示标记“√”时表示导入成功，若出现“×”标记，则表示导入时存在错误，需在原理图中找到错误并进行修改，然后再次进行导入。

(3)导入成功后，点击“工程变更指令”窗口中的“关闭”按钮，此时界面会自动跳转至 PCB 编辑器中，可以看到原理图已成功导入至 PCB。导入过来的所有内容被放置在 PCB 图纸外的右下角，所有的元器件按照 Room(红色方框区域)整齐摆放，这时只需将其整体移动到图纸中，就可以继续进行 PCB 设计了，如图 5.47 所示(见封三图 5.47)。

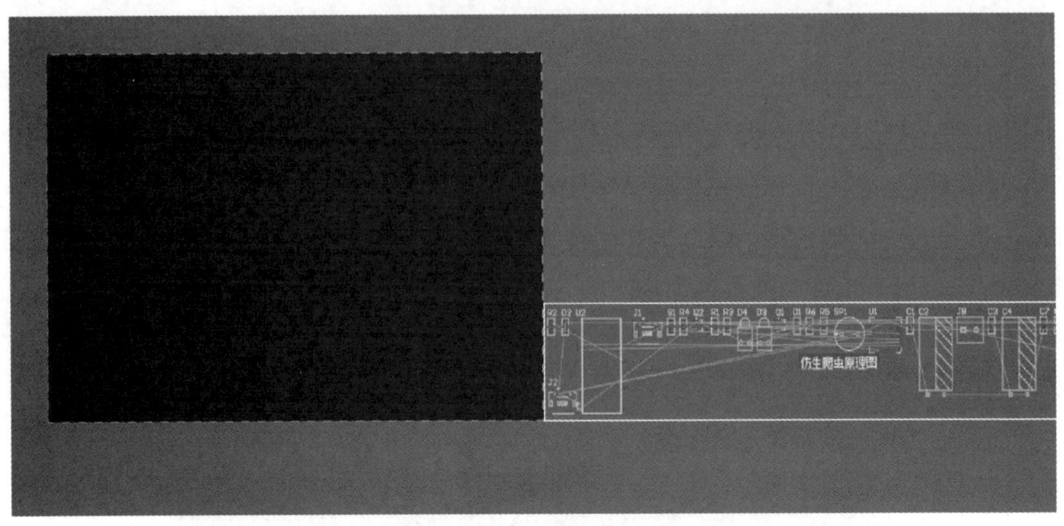

图 5.47　原理图导入 PCB

3. PCB 电气规则设置

在开始 PCB 设计之前，首先应进行“设计规则设置”以约束 PCB 元件布局或 PCB 布线行为，确保 PCB 设计和制造的可行性以及电路板信号的稳定性。PCB 设计规则就如同法律法规一样，只有人人都遵守制定好的法律法规，才能保证国家的秩序稳定。PCB 设计中，这种规则是由设计者为满足不同电路的需求而自行制定的。

在 PCB 设计环境中，执行菜单栏中的“Design”→“Rules”命令，打开“PCB 规则及约束编辑器”对话框，如图 5.48 所示。图中左侧为树状结构的设计规则列表，此列表中包含 PCB 设计过程中的所有规则，AD 中将这些设计规则大致分为 10 大类，如表 5.10 所示，其中比较常用的是安全间距以及布线线宽的规则设置。

(1)安全间距(Clearance)设置，如图 5.49 所示。此项规则可以设定两个电气对象之间的最小安全距离，如焊盘与焊盘、导线与导线以及导线与焊盘之间的最小允许间距。当 PCB 设计区内放置的两个电气对象的间距小于此设计规则规定的间距时，该位置将报错，表示违反了设计规则。在设计规则列表中选择“Electrical”→“Clearance”，在右侧编辑区中可进行安全间距规则设置。

1)在“Where The First Object Matches”下拉列表中选取首个匹配电气对象。

A. All：表示所有部件适用。

B. Net：针对单个网络。

C. NetClass：针对所设置的网络类。

D. Net and Laye：针对网络与层。

E. Custom Query：自定义查询。

2)在“Where The Second Object Matches”下拉列表中选取第二个匹配电气对象。

3)设置好匹配电气对象后,在“约束”选项组中设置所需的安全间距值即可。

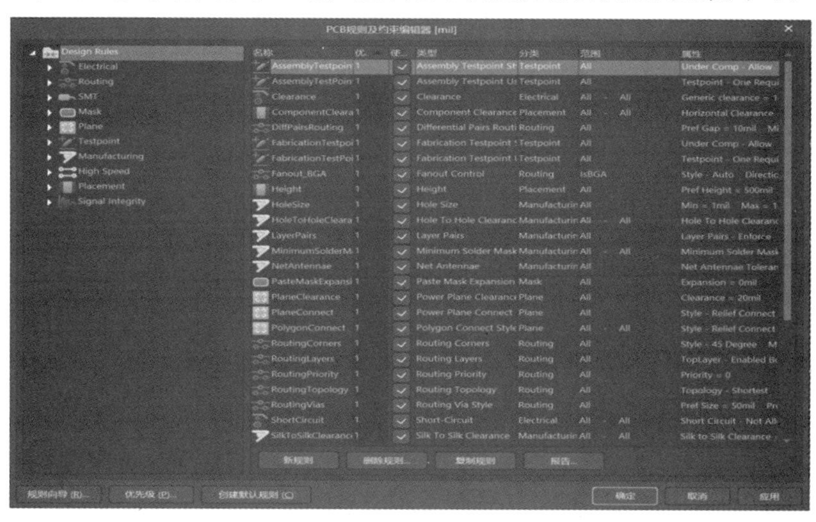

图 5.48　规则设置

表 5.10　设计规则

序 号	规 则	序 号	规 则
1	Electrical:电气类规则	6	Routing:布线类规则
2	SMT:表面封装规则	7	Mask:掩膜类规则
3	Plane:平面类规则	8	Testpoint:测试点规则
4	Manufacturing:制造类规则	9	High Speed:高速规则
5	Placement:布置规则	10	Signal Integrity:信号完整性规则

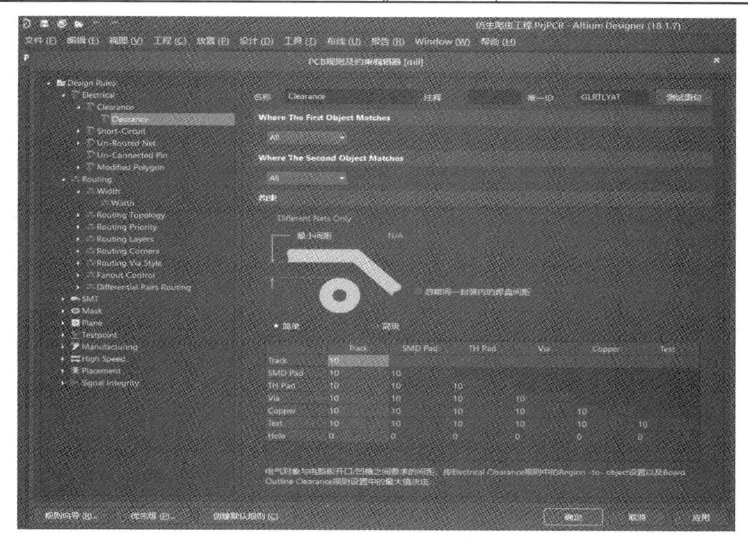

图 5.49　安全间距设置

(2)线宽(Width)设置,如图 5.50 所示。此规则的功能是设定布线时的线宽,以便于自动布线或手工布线时对线宽进行约束,可新建多个线宽设计规则项,以针对不同的网络或板层。在左边设计规则列表中选择“Routing”→“Width”后,在右边的编辑区中可进行线宽规则设置,如需设定多项线宽规则,可在原有的规则上右键创建新规则。

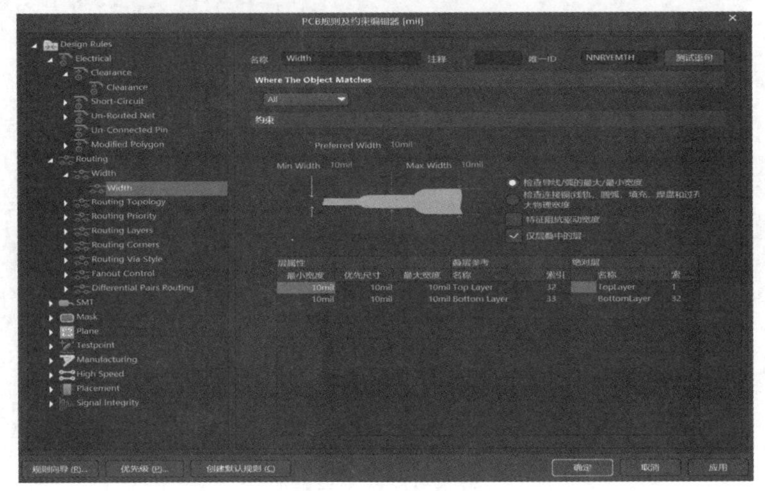

图 5.50　**线宽设置**

在线宽选项组中,导线的宽度有 3 个值可供设置:Max Width(最大线宽)、Preferred Width(优选线宽)、Min Width(最小线宽)。线宽的默认值为 10 mil,可单击相应的选项直接输入数值进行更改。布线板层有两层,分别是顶层信号层(Top Layer)和底层信号层(Bottom Layer)。

4. 规划印制电路板

设计 PCB 时要全面考虑电路板的功能、部件、元件封装形式、连接器及安装方式等,对电路板的大小以及形状进行定义。

电路板的物理边界即 PCB 的实际大小和形状,板形的设置是在“Mechanieal 1”(机械层)。绘制时需使用绘图工具,根据所设计的 PCB 在产品中的安装位置、空间的大小、形状等要素来确定 PCB 的外形与尺寸。

默认的 PCB 图为带有栅格的黑色区域,包括如表 5.11 所示的 13 个工作层。

表 5.11　PCB **工作层**

序　号	工作层	功　能
1/2	信号层(Top Layer/Bottom Layer)	电气连接铜箔层
3	机械层(Mechanical 1)	设置 PCB 与机械加工的相关参数
4/5	顶/底层丝印层(Top Overlay/ Bottom Overlay)	添加电路板的说明文字
6/7	阻焊层(Top Solder /Bottom Solder)	添加绿油
8/9	锡膏防护层(Top Paste/Bottom Paste)	添加露在电路板外的铜箔
10	过孔引导层(Drill Guide)	显示设置的过孔信息
11	禁止布线层(Keep - Out - Layer)	设立布线范围
12	过孔钻孔层(Drilldrawing)	查看钻孔孔径
13	多层同时显示(Multi - Layer)	实现多层叠加显示

在 PCB 编辑器界面中的最下方可对工作层面进行选择，如图 5.51 所示。

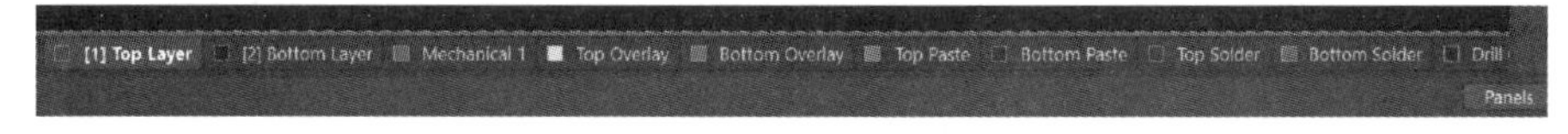

图 5.51　PCB 工作层面

设计板框一般常用的是“按照选择对象定义”。在设计板框时，选择工作窗口下方的“Mechanical 1”（机械层）选项，使该层处于当前工作窗口。利用工具“标准尺寸”（见图 5.52），根据电路设计需求进行板子尺寸的测量，如图 5.53 所示，随后在菜单栏单击“放置”→“线条”命令或使用快捷键“ P+L”，进行边框绘制，然后选中所绘板框，点击菜单栏，按照选择对象定义板子形状。

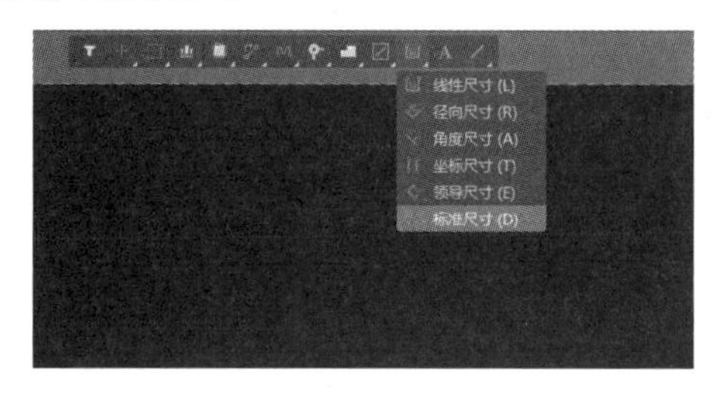

图 5.52　标准尺寸

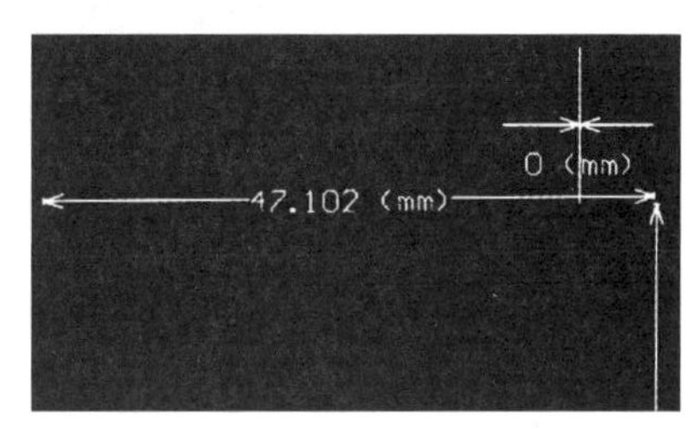

图 5.53　板子尺寸测量

绘制步骤如下：

执行上述方法，选取线条工具，然后将工具放置到 PCB 图纸的适当位置，每单击一次就确定一个固定点，当放置的线组成一个封闭的边框时，就可以结束边框的绘制，右击或者按“Esc”键退出线条绘制。最后，选中已绘制的边框形状，在菜单栏中选择“设计”→“板子形状”→“按照选择对象定义”即可，如图 5.54 所示。

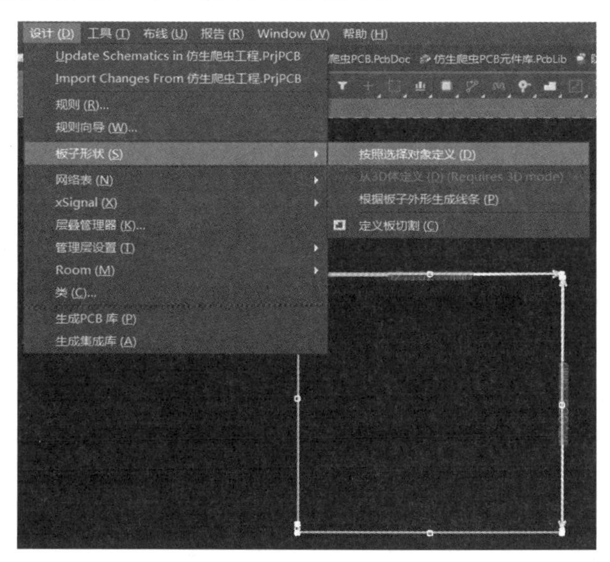

图 5.54　设置板子形状

例如，所需板子形状为矩形，可进行如下操作：

单击“放置”→“线”命令，在电路板上绘制一个矩形，选中已绘制的矩形，然后单击“设计”→“板子形状”→“按照选择对象定义”命令，电路板将变成绘制好的形状，如图5.55所示。

图 5.55 矩形板框

5. 元器件布局设计

在整个 PCB 设计中，如何快速地将各个元器件布局，将影响 PCB 布线的速度以及布线的效果。布局的方式分两种：一种是交互式布局，另一种是自动布局。设计时一般是在自动布局的基础上采用交互式布局进行调整，手动调整元件布局，使其符合 PCB 的功能需要、元件电气要求，并且考虑元器件的安装方式以及放置安装孔等。以下是一些布局的规范及原则：

(1)一般情况下，在布局时遵循“先大后小，先难后易”的原则，优先考虑布局重要的单元电路以及核心器件，比如单片机最小系统、高频高速模块电路等。

(2)布局时应参考电路原理图，元器件位置摆放应符合信号流向。

(3)元器件的排列要便于调试和维修，即小元器件周围不能放置大元器件，需调试的元器件周围要有足够的空间，以免给调试或维修造成不便。

(4)布局应尽量满足以下要求：总的连线尽可能短，关键信号线最短；高电压、大电流信号与小电流、低电压的弱信号完全分开；模拟信号与数字信号分开；高频信号与低频信号分开；高频元器件的间隔要充分；去耦电容的布局要尽可能靠近 IC 的电源引脚，并且保证电源与地之间形成的回路最短。

(5)金属壳体的元器件，需特别注意，不要与其他元器件相碰，要留有足够的空间。

(6)在保证板子性能的前提下，布局需要考虑美观。对于相同结构的电路部分，尽可能采用“对称式”的布局；同类型插装元器件在 X 或 Y 方向上应朝一个方向放置；同一种类型的有极性分立元件也要力争在 X 或 Y 方向上保持一致，便于生产和检验。

(7)发热元器件一般均匀排列分布，以便于散热，可以采取加散热片的形式，给予散热。

例如，仿生爬虫电路布局实例如图 5.56 所示。

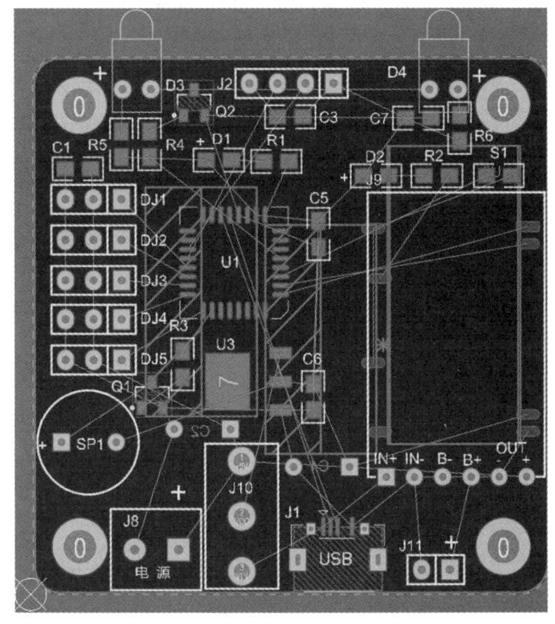

图 5.56　仿生爬虫电路布局

6. PCB 布线

(1)布线。完成 PCB 布局后，就要开始布线了。PCB 布线是 PCB 设计中最重要、最耗时的一个环节，将直接影响 PCB 性能的好坏。在 PCB 设计过程中，布线一般有 3 个要求。

首先是布通，这是 PCB 设计最基本的要求。如果线路都没布通，到处是飞线，将是一块不合格的板子。其次是满足电气性能，这是衡量一块印刷电路板是否合格的标准。要求在布通电路板之后，认真调整布线，使其达到最佳的电气性能。最后是美观，假如布线连通了，也没有影响电气性能的地方，但是看上去杂乱无章，即使电气性能再好，也不能称之为一块好的 PCB，而且会给后期测试和维修带来极大的不便。因此，布线要整齐规范，不能纵横交错毫无章法，这些都要在保证电气性能和满足其他个别要求的情况下实现，否则就是舍本逐末了。

PCB 布线有 3 种方式：自动布线、手动布线，以及自动布线与手动布线相结合的方式。3 种方式各有优劣，一般在实际应用当中更多采取手动布线或两者结合的方式。

1)自动布线。在菜单栏单击执行“布线”→“自动布线”→“全部”命令，即可完成 PCB 的布线，如图 5.57 所示。

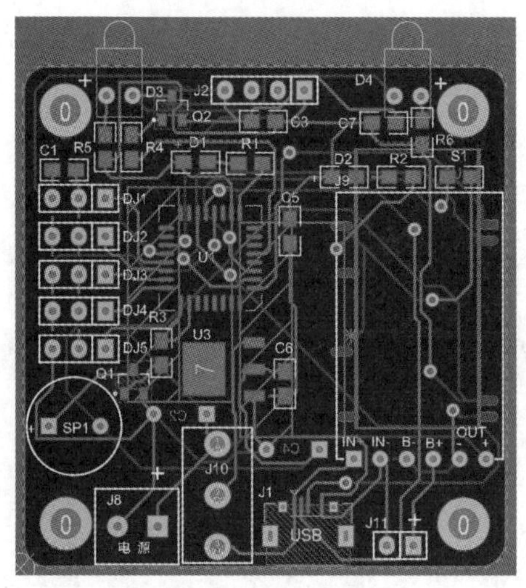

图 5.57　**自动布线**

2)手动布线。手动布线使用的工具是绘图工具栏中的“Interactive Routing”(交互式布线连接),如图 5.58 所示。当光标变成十字形时,选取某一焊盘并捕捉到焊盘中心点即可点击连接,如图 5.59 所示,将所有预拉线连接完毕后,PCB 布线便完成了。

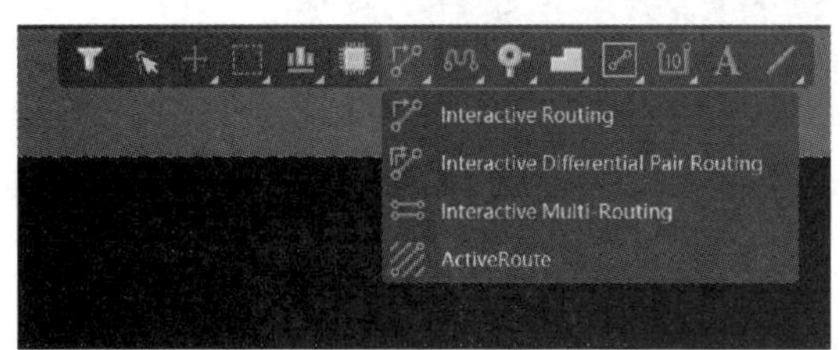

图 5.58　**交互式布线连接**

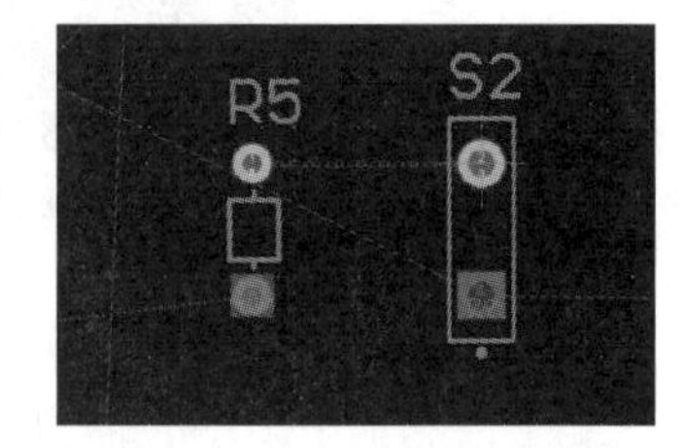

图 5.59　**焊盘中心连接**

3)自动布线与手动布线相结合。首先采取自动布线完成整体布线,然后根据电路实际设计情况进行部分线路的手动布线调整。示例中的仿生爬虫电路板便采用此方式完成,如图 5.60 所示。

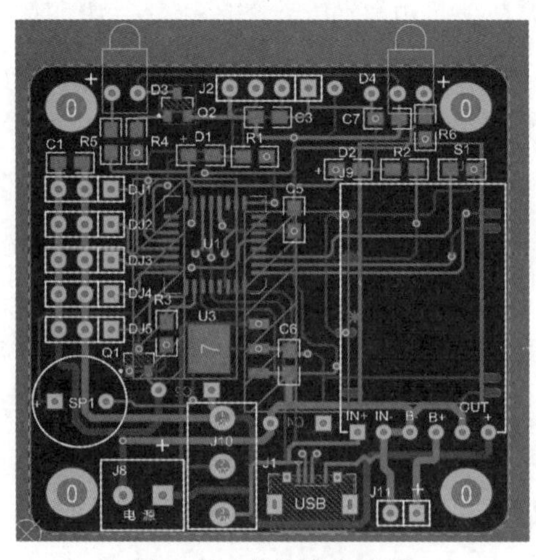

图 5.60　**仿生爬虫** PCB

布线密度较高易造成线路交错。双面板可以解决单面板中布线交错的问题,可以通过“过孔”将线路导通到另一面,在工具栏中选用工具“Via”即可,如图 5.61 所示。

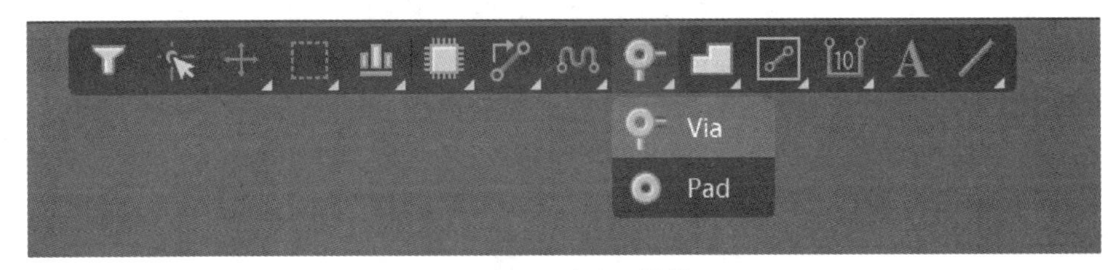

图 5.61　过孔工具栏

过孔也称金属化孔,在双面板和多层板中,为连通各层之间的印制导线,在各层需要连通导线的交汇处钻上一个公共孔,即过孔(区别于焊盘)。在工艺上,通过孔金属化设备在孔壁上沉积上一层金属铜,或是用物理导电银浆、传统铆钉过孔方式,使辅铜板两面的线路实现电气连接。

(2)滴泪的添加。添加滴泪是指在导线连接到焊盘时逐渐加大其宽度,因为其形状像滴泪,所以称为补滴泪。滴泪的作用如下:

1)避免电路板受到巨大外力的冲撞时,导线与焊盘或者导线与导孔的接触点断开。此外,也可使 PCB 显得更加美观。

2)保护焊盘,避免多次焊接时焊盘脱落。生产时可以避免蚀刻不均、过孔偏位出现的裂缝等。

3)信号传输时平滑阻抗,减少阻抗的急剧跳变,避免高频信号传输时由于线宽突然变小而造成反射,使走线与元件焊盘之间的连接趋于平稳化过渡。

在进行 PCB 设计时,如果需要进行补滴泪操作,可以通过菜单栏“设计”→“滴泪”,在如图 5.62 所示的“泪滴”对话框中进行滴泪的添加与删除等操作。设置完成后单击“确定”按钮,完成对象的滴泪添加操作。补滴泪后焊盘与导线连接如图 5.63 所示。

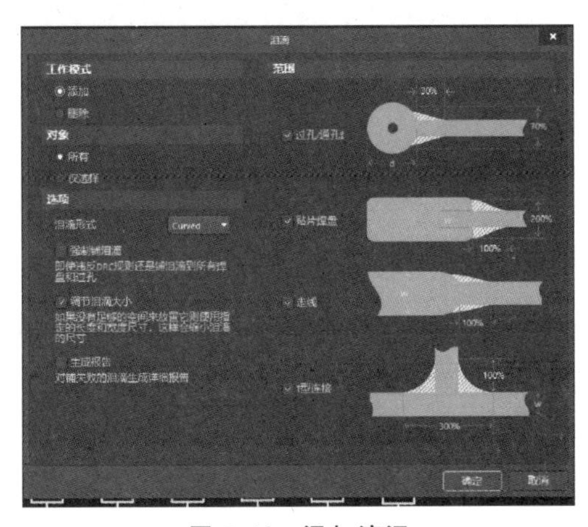

图 5.62　添加滴泪

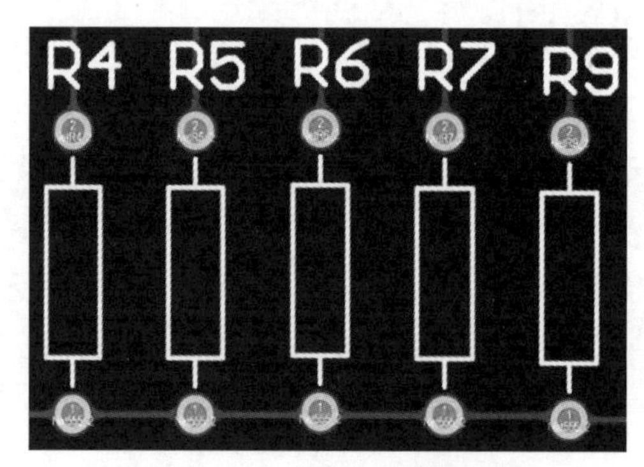

图 5.63 焊盘与导线连接

(3)辅铜的添加。PCB 辅铜一般都是辅地铜,目的是增大地线面积,这样有利于降低地线阻抗,使电源和信号传输稳定。在高频的信号线附近辅铜,可大大减少电磁辐射干扰,起到屏蔽作用。总的来说,辅铜增强了 PCB 的电磁兼容性,另外,大片铜皮也有利于电路板散热。

添加辅铜时,在菜单栏中点击"工具"→"辅铜"→"辅铜管理器",如图 5.64 所示。进入辅铜管理器,点击"从…创建新的辅铜"→"板外形"→"多边形辅铜"。在仿生爬虫电路 PCB 中选择"Bottom Layer"(底层信号层)连接到"GND"网络,如图 5.65 所示。

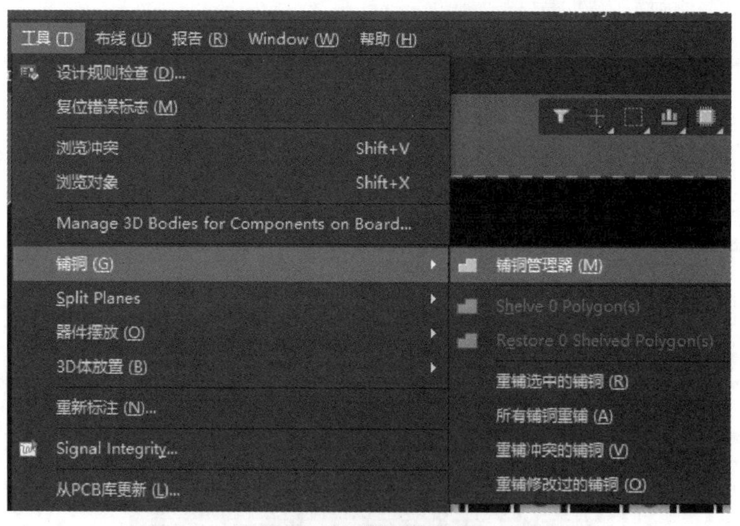

图 5.64 辅铜管理器

设置好相关参数后,点击"确定"按钮完成辅铜操作,如图 5.66 所示。

(4)设计规则检查。Altium Designer 提供了一个规则驱动环境来设计 PCB,允许设计者定义各种规则来确保 PCB 设计的完整性。一般情况下,设计者在设计开始前就设置好规则,在设计结束后用这些规则来验证设计。本节中已添加了线宽约束规则,布线完成后,为了验证所布线的电路板是否符合设计规则,需要设计者运行设计规则检查(Design Rule Check,DRC),如图 5.67 所示。经过 DRC 校验且校验无误后就完成了仿生爬虫 PCB 的设计，否则，要根据错误提示进行修改。

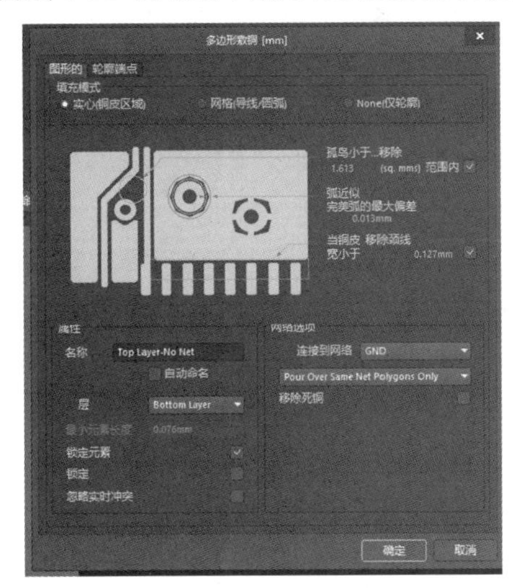

图 5.65　设置辅铜

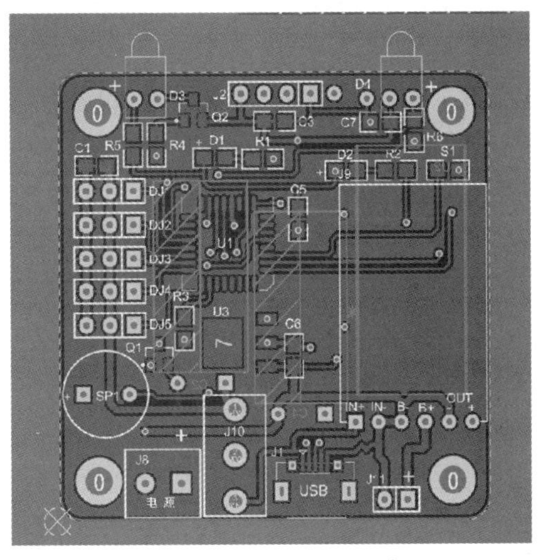

图 5.66　仿生爬虫电路辅铜

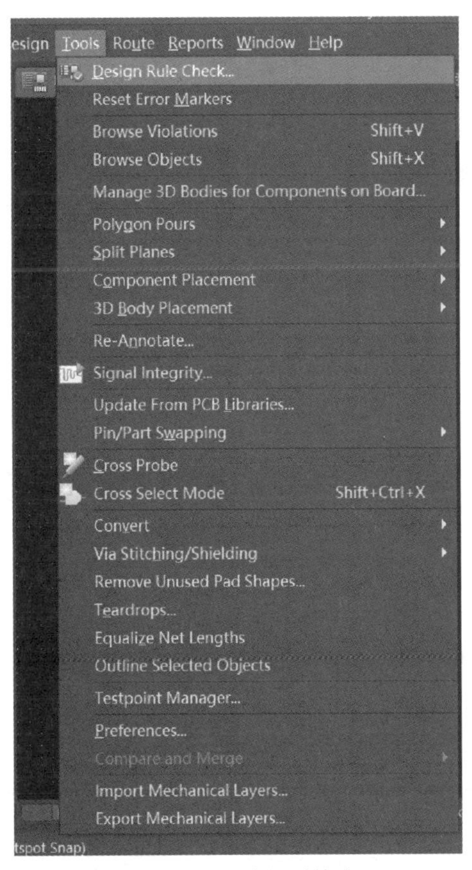

图 5.67　设计规则检查

(5)文件保存，输出打印。

(6)加工制作。厂家制作的电路板如图 5.68 所示，焊接元器件后如图 5.69 所示。

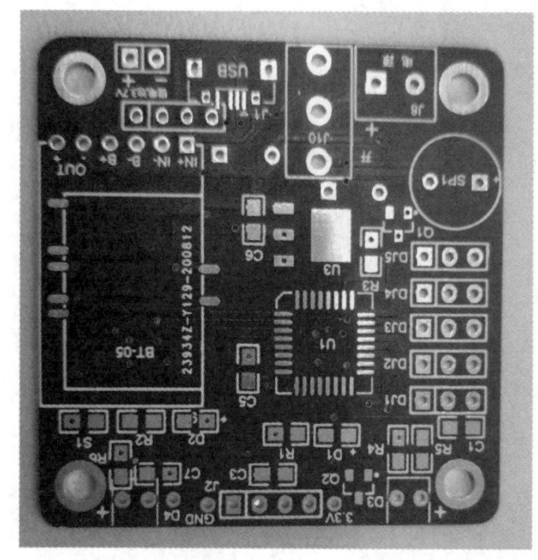

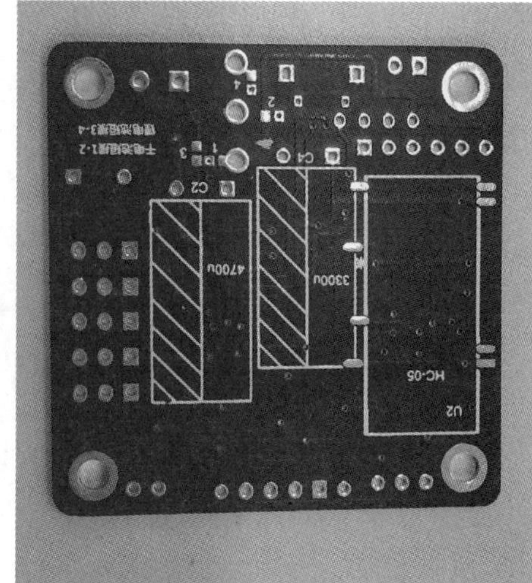

图 5.68 厂家制作的电路板

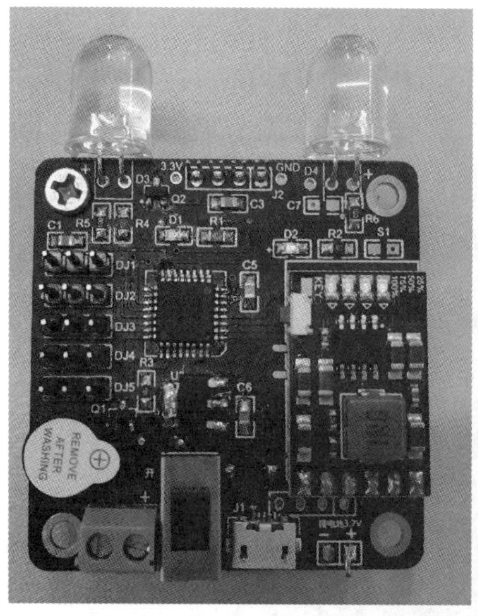

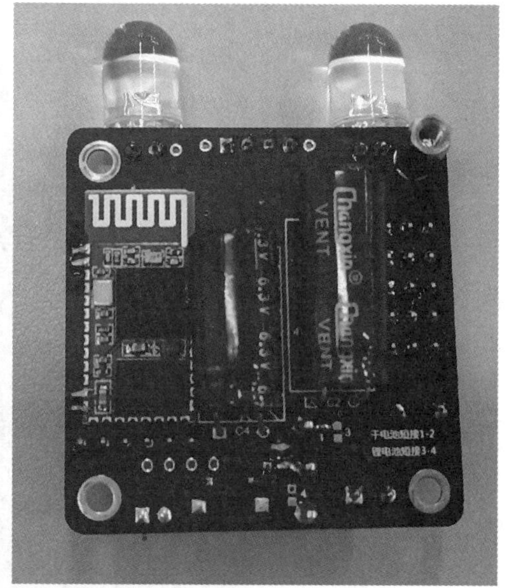

图 5.69 焊接元器件后的成品

7.常见问题及解决方法

(1)在布局布线时发现一些元器件或导线变成绿色,如图 5.70 所示(见封三图 5.70)。

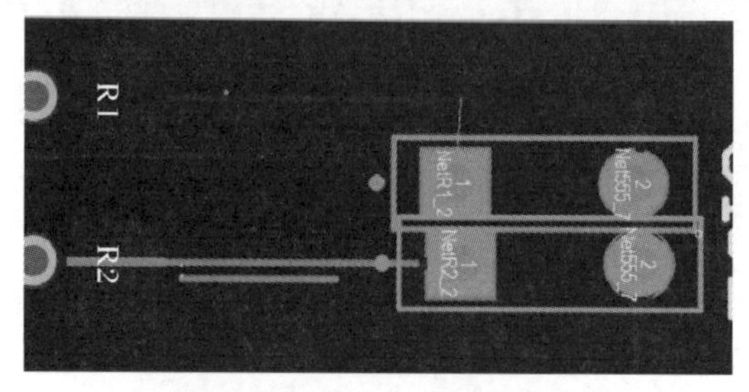

图 5.70 超出安全间距警告

解决方法：出现此情况一般是因为元器件或者连线超出了安全间距而导致的报警，此时只需要移动变绿的元器件或者连线，使它们之间的距离在安全间距以内即可。

(2)导入 PCB 中的内容出现乱码符号，如图 5.71 所示。

图 5.71　乱码符号

解决方法：双击文字，在弹出的文本属性编辑面板选项组中单击“TrueType”，在“Font”下拉列表框中修改字体，修改之后的文字效果如图 5.72 所示。

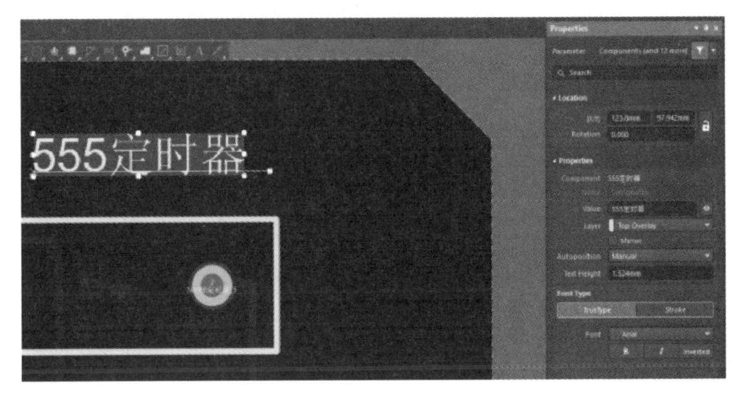

图 5.72　修改后的文字符号

(3)在 PCB 设计过程中发现左上角一直出现坐标信息或坐标信息一直跟随鼠标移动，如图 5.73 所示。

图 5.73　坐标信息

解决方法：使用快捷键“Shift＋H”，这样就可以任意选择是否显示坐标信息。

绝影——中国的“仿生机械狗”

浙江大学的机器人研发团队发布了“绝影”四足机器人，如图 5.74 所示。该机器人身长 1 m，四足站立时高 60 cm，重 70 kg，载重可达 20 kg，行走速度为 6 km/h，续航时间可达 2 h。目前，“绝影”四足机器人已经掌握了跑跳、爬梯子、在碎石子路上行走、自主蹲下再站起来等许多能力，即使摔倒在地，也能够自动调整身体方位重新站立，有望在安防、侦察、救灾等实际场景中进行应用。

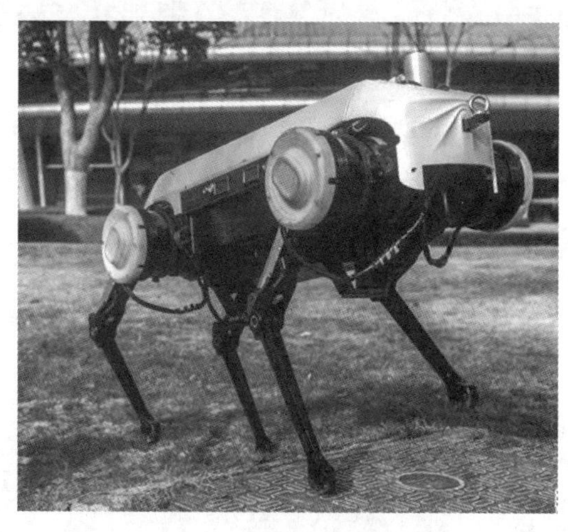

图 5.74 “绝影”四足机器人

“绝影”的灵敏与智能，除绝佳的机械设计之外，更重要的在于其精确高效的内部系统，这也是浙大机器人团队此次革新的关键所在，团队完善了“绝影”机器狗内部系统的各项算法，使其对障碍的识别率大大提升，其所做出的避障决策及决策与识别之间的交互方式也更为优化。就像真正的动物一样，在面对障碍物时，它的“大脑”能够快速识别判断前方障碍物的大小、高低等一系列属性，并针对性地做出躲避决策并实行。此外，其抗扰动能力和一次性续航能力也得到了大大提升。

▶二十大金句与思考

二十大报告提出，“加强企业主导的产学研深度融合，强化目标导向，提高科技成果转化和产业化水平。强化企业科技创新主体地位，发挥科技型骨干企业引领支撑作用，营造有利于科技型中小微企业成长的良好环境，推动创新链产业链资金链人才链深度融合。”这些重要论述，明确了强化企业科技创新主体地位的战略意义，深化了对创新发展规律的认识，完善了创新驱动发展战略体系布局，为新时代新征程更好发挥企业创新主力军作用指明了方向。

参 考 文 献

[1] MARGOLIS M, JEPSON B, WELDIN N R. Arduino Cookbook[M]. Sebastopol: O'Reilly Media, Inc. ,2011.

[2] 李兰英,韩剑辉,周昕. 基于 Arduino 的嵌入式系统入门与实践[M]. 北京:人民邮电出版社,2020.

[3] 綦声波, 周丽芹, 江文亮,等. 十天学会智能车:基于 Arduino[M]. 北京:北京航空航天大学出版社,2020.

[4] 李永华. Arduino 项目开发:智能控制[M]. 北京:清华大学出版社,2019.

[5] 程晨. Arduino 开发实战指南[M]. 北京:机械工业出版社,2012.